JN317743

すべてのいのちが愛《いと》おしい

生命科学者から孫へのメッセージ

柳澤桂子

集英社文庫

もくじ

挿画・赤勘兵衛
本文デザイン・藤井康生

I　いのちはうたう

一

里菜《りな》ちゃんへ

今日は夕立があるかもしれないという予報だったので、心配しましたが、雨に降られないでお家《うち》に帰れましたか？

学校では、何かおもしろいことがありましたか？　あったら、今度おばあちゃんに会う日までしまっておいて、忘れずに教えてくださいね。おばあちゃんは、あなたのお話を聞くのが大好きです。

今日はお庭を見ていたら、ふっとおかしなことを思い出したんですよ。あなたの小さいときのこと。

あれは、あなたが四歳くらいのことだったと思います。「里菜ちゃんは幼稚園があるから、はやくおやすみなさい」とママにお布団《ふとん》に入れられてしまいました。でも、ママとパパはお茶を飲みながら、テレビを観《み》ているのです。何だか寝ちゃったら、とても損をするように思えました。

あなたは何度もママを呼びました。「背中がかゆいからかいて」「のどがかわいたからお水ちょうだい」。いろいろいっているうちに、もう、いうことがなくなってしまいました。しばらく考えて、里菜ちゃんはいいました。

「ママ、里菜ちゃんのお目々はつぶっても、つぶっても、すぐに開《あ》いちゃうの。どうすれば閉《し》まるの？」

これ、おかしいですよね。上瞼《うわまぶた》が車庫の扉《とびら》みたいにひとりでに上がったりしませんよね。ちょっと目をつぶってみてください。目を開けようと思わなければ、瞼は開きません。上瞼のように、その人がそうしようと思ったときにだけ動く筋肉《きんにく》は随意筋《ずいいきん》といいます。心臓《しんぞう》や胃《い》の筋肉のように、その人の考えとは関係なく動く筋肉は不随意筋《ふずいいきん》です。

眠るということは不思議なことだと思いませんか？　死んじゃうのとちがって、翌日にはかならず目が覚《さ》めます。でも眠っている間は意識《いしき》がありません。ですから、何が起こっても、目が覚めなければわかりません。

昔から、眠りについて研究している人はたくさんいますが、とてもむずかしいようです。動物も眠りますね。犬も猫もよく眠ります。カエルやワニはどうでしょうか。こういう動物も長い間動かないでじっとしているときがあるので、多分こういうときに眠っているのでしょうね。

でも、どうしてみんな眠るのでしょうか。何日も眠らせないようにすると、人は精神《せいしん》に異常をきたすそうです。人は眠らなくてはならないのです。

人は、眠っている間に、記憶《きおく》の整理をしているのだとか、その日に起こったことをビデオの早送りのようにして、たいせつなことだけを集めているのだという研究者もいます。眠らないと精神的におかしくなるのでしたら、やはり眠りは神経《しんけい》の休息のために必要なのでしょうね。

ところで、眠っているときに見る夢って何でしょう。眠りについてわかれば、夢についてもわかってくるかもしれません。夢を思い出させて病気を治《なお》す方法がありますが、夢とは何かがわからないのですから、ちょっと頼りないですね。けれども患者《かんじゃ》が治りさえすれば、理屈《りくつ》はどうでもよいのでしょう。

夢についてはおもしろい話があります。アメリカ人のユージン・アゼリンスキー

という人は、大学に入っても、歯医者さんの学校に入っても落ちこぼれ、軍隊に入ってもうまくゆかず、ぶらぶらしていました。困っているとき、シカゴ大学のクライトマンという先生が心理学の大学院の学生にしてくれました。

大学院ですから、何か研究をしなければなりません。大学院でユージンは、誰《だれ》が見ても「ちょっとへんじゃないか」と思うような実験をはじめました。かれは、人が眠っているときに目玉が動くかどうかを研究したいといい出したのです。普通の人は、あんまり気がつかない問題ですよね。

ユージンは八つになる息子のアーモンドが眠っているとき、アーモンドの目のまわりに電極《でんきょく》をつけて、目玉の動きを一晩中観察《かんさつ》して記録《きろく》しました。すると眠っている間に、目玉がきょろきょろ動くことが何度もあることがわかりました。そして、目玉が動くときの睡眠《すいみん》をレム睡眠ということにしました。レム睡眠があるということは、大発見でした。

さらに研究をつづけて、人が夢を見るのは、レム睡眠のときだけだということもわかりました。レム睡眠でない、目玉が動かないときは、深く眠っているときで、これは、ノンレム睡眠と呼ばれています。

私たちが眠っているときには、レム睡眠と、ノンレム睡眠が交代でくりかえされています。八時間眠る人は、その間にレム睡眠が四、五回くりかえされ、そのときに夢を見ているのです。

また、レム睡眠のときは、手足の力がぬけて、だらんとしていることもわかりました。もし、手足に力が入っていたら、夢を見ている人が走り出したり、他の人をたたいたりするかもしれません。みんなが夢を見ているときに動き出したら、たいへんなことになりますよね。

眠ることや夢については今も研究がつづいていますから、そのうちによくわかることでしょう。でも、里菜ちゃんが大きくなって研究者になりたいと思ったときでも、まだ間に合うかもしれませんよ。やってみたいと思いませんか？

今日のお手紙はここまでにしましょう。学校から帰ったら、何をしていますか？

小説をたくさん読んでください。でも目をたいせつにね。ときどき木を見たり、目のまわりを指で押さえたりして、目を休ませてあげてください。

二

里菜ちゃんへ

今日も元気ですか？

あなたは、虫の気持ちになったことがありますか？

おばあちゃんのお部屋からよく見えるところに、梅《うめ》の木がありますよね。あなたも知っているでしょう。その木の葉の一枚を、虫が食ったのです。葉っぱの真ん中に大きな穴が開《あ》きました。

おばあちゃんは虫が食っているところを見たわけではないのですが、虫は葉っぱを食べているとき、どんな気持ちだったのかなあと、ときどき思います。もし向こう側から葉っぱを食べていて、食べているうちに、おばあちゃんの部屋の中が葉の穴から見えてきたとしたら、どうでしょう。虫はおばあちゃんを見たでしょうか。

それとも食べるのに夢中で、何も見なかったでしょうか。
　里菜ちゃんは、虫や動物とおなじ気持ちになったことがありますか？　高村光太郎《たかむらこうたろう》の詩にこんなのがあります。

ぼろぼろな駝鳥《だちょう》

何が面白《おもしろ》くて駝鳥を飼《か》ふのだ。
動物園の四坪《よつぼ》半のぬかるみの中では、
脚《あし》が大股《おおまた》過ぎるぢやないか。
頸《くび》があんまり長過ぎるぢやないか。
雪の降る国にこれでは羽がぼろぼろ過ぎるぢやないか。
腹がへるから堅《かた》パンも食《くら》ふだらうが、
駝鳥の眼は遠くばかり見てゐるぢやないか。
身も世もない様に燃えてゐるぢやないか。
瑠璃色《るりいろ》の風が今にも吹いて来るのを待ちかまへてゐるぢやないか。

あの小さな素朴《そぼく》な頭が無辺大《むへんだい》の夢で逆《さか》まいてゐるぢやないか。
これはもう駝鳥ぢやないぢやないか。
人間よ、
もう止《よ》せ、こんな事は。

（「ぼろぼろな駝鳥」『高村光太郎全集』第二巻　筑摩書房）

光太郎は駝鳥の気持ちになっているみたいですね。人間、動物にかぎらず、相手の気持ちを考えることは、とてもたいせつなことです。もし自分がその人、あるいは動物だったらと考えるのです。

光太郎は一八八三年に生まれた彫刻家《ちょうこくか》で、詩人でもありました。智恵子《ちえこ》という奥さんがいて、その奥さんの精神状態《せいしんじょうたい》がおかしくなっても、その奥さんを愛しつづけて、すばらしい詩をたくさん残しています。その詩は『智恵子抄《しょう》』という詩集にまとめられています。光太郎の詩を読むと、愛とは何かということがおぼろげながらわかるでしょう。光太郎は優《やさ》しい人だったのですね。あなたも大きくなったら光太郎のような優しい人と出会えるとよいですね。では、またお便《たよ》りします。元気でね。

三

里菜ちゃんへ

今日は六月一日。衣替《ころもが》えの日ですね。学校は夏の制服にかわったのでしょう。でも、梅雨《つゆ》になると寒い日もありますから、気をつけてね。

私たちが今使っている暦《こよみ》は、太陽《たいよう》をもとにしたもので、太陽暦《れき》と呼ばれています。地球《ちきゅう》は太陽の惑星《わくせい》で、太陽のまわりをまわっていますね。もう一つ、私たちと関係の深い天体があります。そう、お月様です。月は地球の衛星《えいせい》で、地球のまわりをまわっています。

私たちは太陽と月の両方の影響《えいきょう》を受けて生きていますが、海の中には、月の影響をとても強く受けている生物たちがいます。それは、海の潮《しお》の満《み》ち引きが、月の影響で起こっていることと深く関係しています。潮の満ち引きは、地球の回転と太陽や月の引力《いんりょく》によって起こります。普通一日に二回の満ち引きがあります。また、一カ月を通して見ると、満月《まんげつ》と新月《しんげつ》（月が太陽とおなじ方向にあって、暗い半面を地球に向けているとき。月は見えない）のときがいちばん潮が満ちて（大潮《おおしお》）、その間の半月《はんげつ》（上弦《じょうげん》、下弦《かげん》といいます）のころに潮の高さがいちばん少なくなります（小潮《こしお》）。

浜辺の貝などは、潮が引いていくときには、流されてしまわないように、岩などにしっかりとくっついていなければなりません。からだが水から出てしまったときには、乾《かわ》いてしまわないように工夫《くふう》がいります。

岩にくっついているカメノテやイワフジツボは、潮が満ちてくると、水の中にいるプランクトン（水の中に浮いている小さい生物）などを食べます。潮が引いて、からだが水の上に出てしまうと、殻《から》をしっかりと閉じて、乾かないようにしています。

カニの類の中には、満ち潮のときには砂の中にもぐっていて、潮が引くと、砂の上に出てきて、食べ物を探すものもあります。

ヨロイイソギンチャクは、岩のくぼみなどにしっかりとついています。潮が引いたときには、岩のくぼみにからだをかくし、表面には貝殻などをのせて、目立たないようにしています。潮が満ちてくると、ヨロイイソギンチャクは、岩のくぼみから岩の表面にからだをのばします。そして、たくさんの触手《しょくしゅ》を波打たせて、中央にある口に小魚などを取り込んで食べます。

食べることだけでなく、繁殖《はんしょく》も潮の満ち引きや、月の満ち欠けと深く関わっています。多くの生き物は、雄《おす》の精子《せいし》と雌《めす》の卵《らん》がいっしょになって、子供を増やします。これを受精《じゅせい》といいます。精子と卵が一つになって、そこから新しい子供が生まれてくるのです。私たち人間もそうなのですよ。

ヒザラガイは、夏の大潮の明け方の、潮が最高に満ちてくる直前の三〇分以内という短い時間の間に卵と精子をいっせいに海水の中に放出します。放出された卵と精子は海水の中で受精して、幼生《ようせい》と呼ばれる子供になります。幼生は、卵と精子が受精してできる胚《はい》からおとなになる間に、おとなとはまったくちがった形をし、行動するもののことです。チョウの幼生は毛虫ですね。

このような動物の中で、時刻を一番しっかりと守っているのが、ニッポンウミシダです。一年に一度、一〇月の初旬《しょじゅん》（月の初めの一〇日間）から中旬《ちゅうじゅん》（初旬の次の一〇日間）の上弦か下弦の月の日の午後二時三〇分から四時の間に卵と精子をいっせいに放出します。卵をもっている雌と、精子をもっている雄は、別々の個体《こたい》ですから、同時に放出されないとうまく受精できません。ニホンウミシダは、時計をもっていないのに、どうしてこんなことができるのでしょうね。

オーストラリアのグレートバリア・リーフ（サンゴ礁《しょう》）では、一四〇種を超えるサンゴが、一〇月、一一月の新月の日からかぞえて、五～七日めの夜にいっせいに卵と精子を放出します。

南半球にあるこの地域では、この時期が春にあたります。海水が繁殖に適した温度になるのがこの時期なので、たくさんの種類のサンゴがいっせいに卵と精子を放出するのでしょう。でも、一四〇種もあったら、精子や卵は、おたがいに相手をどうやって探すのでしょうね。

こんなとき、海の色はどんなになるのでしょう。見たいと思いませんか？

おばあちゃんが子供のころは、近所の子供が集まって、「はないちもんめ」や缶けりをして暗くなるまで外で遊びました。こういう思い出はおばあちゃんの心の宝物です。

あなたはもう大きいので、こんな遊びはしないでしょうね。仲のいいお友達をつくることはたいせつなことです。中学、高校時代にできた仲良しさんが一生のお友達になることはよくあります。

四

里菜ちゃんへ

今年もうっとうしい梅雨《つゆ》の季節になりました。湿《しめ》っぽいけど、夏の暑さよりはいいかしら？　お庭の梅《うめ》の実がすっかり大きくなって、はやく梅干しになりたがっています。

この前は海のお話をしましたが、私たちも海の中で生まれたのではないかといわれています。いのちが生まれたのは、海の中の熱いお湯が噴《ふ》き出しているところだったと考える学者が多いので、その考え方でお話ししましょう。このほかにも、火山の火口《かこう》で生まれたとか、宇宙《うちゅう》から降ってきたとかいろいろな説があります。何しろ誰《だれ》も見たことがないのですから——ね。

海の中には星のかけらからできたいろいろな分子《ぶんし》がありました。星のかけらについてはあとの手紙でお話しします。いのちの一番たいせつな性質は、自分とおなじものをつくれるということです。人間は子供を産んで、自分とおなじものをつくれますね。

でも一番はじめに海の中でできたのは、人間のような複雑なものではありませんでした。それは、A《アデニン》、T《チミン》、G《グアニン》、C《シトシン》という四種類の分子がつながったものでした。最初にできたものは、五つか六つの分子がつらなった、ATGCCというような分子だったのでしょう。こういう分子がたくさんあると、それらがつながって、だんだん長くなることができます。

この際に分子をつなぐ結合《けつごう》はあとで出てくる水素《すいそ》結合とくらべると強い結合です。そしてとなりに来る分子がA、T、G、Cのどれであってもかまいません。A、T、G、Cのことを塩基《えんき》と呼びます。

さっきの分子にもう一つGCTGCという分子がつながったら、ATGCCGCTGCというような少し長い分子の鎖《くさり》ができますね。

この分子がどうして自分とおなじものをつくれるのかちょっとわからないでしょう？　そこには大きな秘密があるのです。その秘密というのは、こういうことなのです。

ATGCCGCTGCという分子があったとしましょう。海の中には、A、T、G、Cという分子がたくさんあります。Aという分子とTという分子とは、おたがいに手を取り合うことができます。また、Cという分子とGという分子が手を取り合うことができます。Aという分子とTという分子が手を取り合うと、T-Aとなります。GとCが手をつなぐと、C-Gとなります。

GとC、AとTは手をつなぐことができますが、AとGやCとTは手をつなぐことはできません。ここで、手をつないでいるというのは、水素結合という弱い結合をしているということで、おたがいの分子が水素を介して手をつなぐので水素結合というのです。ですから、ATGCCGCTGCという一本の分子があると、それぞれ手をつなげる分子が水素結合をつくり、次のようになります。

T-A
A-T
C-G
G-C
G-C
C-G
G-C
A-T
C-G
G-C

このように水素結合したものが小さいDNA《ディーエヌエー》分子で、A、T、G、Cという分子は、塩基と呼ばれるのでしたね。このように二本になった分子はらせん状にねじれていますので、「DNA二重らせん」というのです。

DNA二重らせんの水素結合は弱いので、少し温度があがったりすると切れてしまいます。先に例にあげたDNA二重らせんの間の水素結合が切れると、次のように二つの一本鎖状の分子になります。

ATGCCGCTGC

TACGGCGACG

わかれたそれぞれの塩基は手をつなぐことのできる分子と水素結合をつくります。すると、こうなります。

T-A　A-T　C-G　G-C　G-C　C-G　G-C　A-T　C-G　G-C

T-A　A-T　C-G　G-C　G-C　C-G　G-C　A-T　C-G　G-C

このようにして、おなじものが二つできました。こうやって、DNA分子は自分とおなじ分子をつくってどんどん増えることができるのです。

いのちが誕生《たんじょう》したはじめのころは、塩基がいくつかくっついたり、離れたりすることをくりかえしていたのでしょう。これが、今から三八億年《おくねん》から四〇億年前のことです。こうしてDNAは、どんどん増えていきました。

さて、水の中に油を一滴《いってき》落としたらどうなるでしょう？　そうです。油は水とは混ざり合わず、ころんと丸くなってしまいますね。ちょうどそれとおなじことが原始の海の中で起こりました。海水に浮いたDNAが油の膜《まく》に包まれたのです。この膜の中には、DNAやタンパク質、原始の海の水などが入りました。

いろいろな分子がただ海の中に浮いているより、脂肪《しぼう》の袋に入っている方が、生きていくにはずっとつごうがよいのです。だって、何か仕事をするにも、いろいろな道具が、野原いっぱいに散らばっているより、物置の中にきちんと整理されている方がよいでしょう。

こうして細胞《さいぼう》が生まれました。そして、進化《しんか》して細菌《さいきん》（ばいきん）のような小さな生物になりました。私たち人間も細胞でできていますが、その一つひとつの細胞の中には、原始の海の水とよく似た成分の液体が入っています。私たちもからだの中に原始の海をもっているのです。すてきだと思いませんか？

細胞の中に入ってもDNAは増えつづけ、その鎖がからまりあったり、つなぎ変

わったりして、だんだん長く複雑になっていきました。そして、DNAは細胞の中にあって、その中で起こることを命令する分子になったのです。そして、その命令をA、T、G、Cという四種類の塩基であらわして、子孫《しそん》の細胞に伝達するようになりました。これを「DNAが遺伝情報《いでん》を伝える」といいます。

DNAが長くなっていくと、遺伝情報が多くなります。遺伝情報が多くなれば、それだけ複雑な化学反応をおこない、複雑な生命の営《いとな》みをすることができます。

海の表面には、宇宙から紫外線《しがいせん》がそそがれています。紫外線はDNAをこわしてしまうので、生物にとっては強敵です。ですから、生物は海の中に深くもぐったり、岩かげにかくれたりして、生きていました。

細胞ができてから、一〇億年くらいたつと、太陽《たいよう》のエネルギーを利用して、空気中の二酸化炭素《にさんかたんそ》と水から栄養物をつくる生物があらわれました。この生物は、シアノバクテリア（藍色細菌《らんしょくさいきん》）と呼ばれるもので、この細菌のおこなう化学反応は、光合成《こうごうせい》と呼ばれています。太陽の光がもつエネルギーを利用して、栄養物（食べ物）を自分でつくるのです。

光合成では、空気中の炭酸《たんさん》ガス（二酸化炭素）と水から栄養物をつくり、酸素《さんそ》を細胞の外にすてます。このようにしてすてられた酸素は、オゾンになって地球《ちきゅう》の外側にオゾン層をつくります。オゾンは紫外線をさえぎるので、酸素が増えると、生物が生きていきやすい環境《かんきょう》になりました。

一方、シアノバクテリアがすてる酸素を利用して、栄養物を細胞の中で、低い温度で燃やしてエネルギーを得る細菌も出てきました。

このように、細菌が進化してきましたが、今から一四億年くらい前に、これらの細菌とは全然ちがう生物が出現していたことが、化石《かせき》の調査などからわかっています。この生物は真核《しんかく》生物と呼ばれ、一つの細胞からできていましたが、細菌とはちがうものでした。

真核生物は、細胞の中にもう一つ、核という袋をつくって、その中にDNAを入れています。これが私たちの祖先《そせん》の生物と考えられています。私たちの細胞も核をもっています。

細菌は、核をもっていません。真核生物の中には、さらに、ミトコンドリアと呼ばれる、呼吸の得意な細菌を自分の細胞の中に取り込むものも出てきました。呼吸の得意な細菌が、呼吸のへたな真核生物の中に入り込み、退化してミトコンドリアとなったと考えられています。

ミトコンドリアだけを取り込んだ真核生物がやがて、動物になりました。シアノバクテリアとミトコンドリアの両方を取り込んだ真核生物は植物になりました。

さらに、今から六億年前になると多細胞《たさいぼう》生物が生まれてきます。多細胞になるということは、一室しかなかった住まいがたくさんの部屋をもつようになったようなものです。はじめにあらわれた多細胞生物は、細胞が一直線につながって、ひものようになったもの、平たいお皿のようなものなど、単純な形のものでした。

そうした生物から進化した多細胞の生物としてカイメンがあります。

カイメンはたくさんの細胞が集まって、巾着《きんちゃく》のような形になったものです。巾着の底を海の中の岩などに固定して生きています。巾着には小さい穴がたくさん開《あ》いていて、その穴から海水といっしょに小さい生物を取り込んで生きています。そして、海水を口からはき出します。

カイメンは今でも生き残っていますが、すでに絶滅《ぜつめつ》してしまった生物について調べるには、化石が重要な働きをします。地球上にある化石で一番古いものは、アフリカや、オーストラリアで見つかっているストロマトライトです。これは、三五億年あまり前に生きていた細菌や藍藻《らんそう》（下等《かとう》な藻《も》のたぐい）をふくんだ泥が満《み》ち潮《しお》によって運ばれて、層状《そうじょう》に積み重ねられたものであろうと考えられています。これ以後二〇億年にわたって、世界中で見つかるのは、ストロマトライトばかりでした。ところが、最近、細菌だけの化石も見つかりました。

最初の真核生物があらわれたのは、今から一四億年前だと前に書きましたが、このときにあらわれた真核生物は単細胞《たんさいぼう》なのです。多細胞生物が地球上にあらわれたのは、今から、たった六億年前です。生命が誕生してから三〇億年以上もの間、地球上にすんでいたのは、単細胞生物だけでした。

六億年前に多細胞生物があらわれると、それからたった三〇〇〇万年後（今から五億七〇〇〇万年前）にカンブリア紀《き》の大爆発《だいばくはつ》というできごとが起こりました。今から五億七〇〇〇万年前に、突然、いろいろな形の動物が出現したのです。その形のおもしろさといったら、どんなおもちゃ屋さんだって「まいった」と思うことでしょう。カンブリア紀の大爆発は、カンブリア紀になってから千数百万年たったころにはじまり、たった五〇〇〇万年つづいただけですが、その間にいろいろな生物が出そろいました。

どんな動物が生まれたのかは、この次の手紙に書きましょう。手紙はむずかしすぎますか？　わからなかったらくりかえし読んでみてください。

「読書一〇〇遍《ぺん》、意自《いおの》ずから通《つう》ず」ということわざを知っていますか。一〇〇回読めば意味が自然にわかるということです。一〇〇遍は多すぎるかもしれませんが、わからなかったら、くりかえし読んでみてください。そうやって、誰にも聞かないで、わかったときのうれしさは何ともいえません。いろいろな辞書を使って、わからないところは調べましょう。そうやっていくうちに、読書力がついていきますから。

五

里菜ちゃんへ

毎日雨で学校へいくのがたいへんでしょう？　でも地球《ちきゅう》のできたてのころは、もっともっと強い雨が何万年も降りつづいたのですよ。雨が降ると、おばあちゃんはいつも不思議に思うことがあります。人間のからだって防水なんですよね。どこかから、からだの中に雨がしみこんだり、雨にぬれて溶《と》けちゃうということはないのですもの。海で生まれた生物の子孫《しそん》だから水に強いのかもしれませんね。

さて、今日は、生物が海から陸に上がってくるところをお話ししましょう。

光合成《こうごうせい》をする生物が、だんだんに増えていきましたので、地球には酸素《さんそ》が増えました。今から四億年《おくねん》ぐらい前には、酸素が増えて、現在の一〇分の一くらいの濃度《のうど》になっていました。その量は、今よりずっと少ないのですが、それでも、オゾンが

紫外線《しがいせん》をさえぎりました。紫外線が強いときは、生物は水の中や土の中でしか生きられませんでしたが、紫外線が弱くなると、土の上に出てこられるようになりました。

まず、水ぎわの土の上に植物が生《は》えはじめました。紫外線が弱くなったとはいえ、生物が生きていくにはまだ強すぎましたので、植物はたいせつな部分を土の中に埋《う》めておきました。根が土の中にあるので、地上に出ている部分が紫外線にやられても、根から新しい芽《め》が出てくるという戦略をとった植物が生き残りました。今の植物も根をもっていますね。

今から四億年から二億五〇〇〇万年前までの間に、地球は緑の森でおおわれるようになりました。はじめは、コケやシダなどの下等《かとう》な（あまり進化《しんか》していない）植物が水ぎわに生えました。やがてソテツ、イチョウ、マツ、スギなどが生えてきました。このような植物が酸素をつくるので、地球上の酸素はますます増えました。

花の咲く植物が進化してきたのは、今から一億年くらい前のことです。ハチなどの昆虫《こんちゅう》が陸にすんで、花粉《かふん》を運び、受粉《じゅふん》できるようになるまでは、花の咲く植物は、繁殖《はんしょく》できませんでした。昆虫が増えてはじめて、花のある植物も陸で繁殖することができるようになったのです。

では、動物の方はどうでしょう。背骨《せぼね》のない動物、たとえばエビ、カニなどは海の中にいますが、今から三億五〇〇〇万年くらい前になってはじめて、背骨のある動物が陸に上がったと考えられています。その祖先《そせん》は魚だったようです。魚がどうやってカエルになったのか。それはとてもおもしろいお話なので、別の手紙でゆっくり書きますね。楽しみにしていてください。

今から三億年くらい前には、カエル（両生類《りょうせいるい》）の仲間やワニ（爬虫類《はちゅうるい》）の仲間もすんでいました。このころの爬虫類は、海の怪物ともいわれ、ノトサウルスやイクチオサウルス（魚竜《ぎょりゅう》）などがいました。爬虫類である恐竜《きょうりゅう》が出現したのは、今から二億五〇〇〇万年くらい前のことです。

そのうちに、爬虫類の中にあごの骨や歯の形が現在の爬虫類に近く、鼻と口がわかれているものが出てきました。これは哺乳類型《ほにゅうるいがた》爬虫類《はちゅうるい》と呼ばれており、この中から二億五〇〇〇万年ほど前に最初の哺乳類があらわれました。

哺乳類というのは、お乳《ちち》で子供を育てる動物のことです。カンガルーやモグラ、ネズミ、そして人間も哺乳類です。

最初に鳥類《ちょうるい》があらわれたのは、今から一億四〇〇〇万年くらい前です。鳥は、恐竜から生まれました。始祖鳥《しそちょう》が鳥の祖先であると長く信じられてきましたが、最近ではそれはあやまりであるということがわかってきました。

今日はここまでにしておきましょう。

梅雨《つゆ》の間は食中毒が増えるから気をつけてください。おばあちゃんの小さいころは、電気冷蔵庫はなかったので、食べ物が古いかどうかをしょっちゅう気にしなければなりませんでした。だから、古い食べ物を見わける方法は、子供のときから自然に覚えていきました。今度遊びに来たら、古くなったお魚、ハム、かまぼこ、あん入りのお菓子などの見わけ方を教えてあげましょう。おばあちゃんの知恵袋からそっと出して。

では元気でね。また書きます。

六

里菜ちゃんへ

人間がどうしてあらわれたのかは、まだわからないところもあります。でも、今から五〇〇万年くらい前に、アフリカにいた類人猿《るいじんえん》（ゴリラやチンパンジー）から人類《じんるい》が生じてきたと考える人が多いようです。人間は二本の足で歩きます（二足歩《にそくほ》行《こう》）が、チンパンジーは四本の足で歩く（四足《よんそく》歩行）というのが人類とチンパンジーのちがいです。

今から三〇〇〇万年くらい前に、アフリカを中心に、地殻《ちかく》の大変動が起こりました。大地震です。紅海《こうかい》からエチオピア、ケニア、タンザニア、モザンビークを結ぶ大陸の東部の地下で地殻の分断が起こり、エチオピアとケニアの地面が隆起《りゅうき》して、高さが二七〇〇メートルを超える大山脈が出現しました。地図で調べてみてください。

それまでは西から東に向かって流れていた気流が、この大山脈にぶつかって、その西側で雨を降らせて、山脈の東側では雨が降らなくなってしまいました。雨が少ないので、森の木が枯《か》れてしまいました。

山脈の西側は、豊かな水を受けて、森の木は生長しました。類人猿は、豊かな森で樹上生活をつづけました。ところが山脈の東側にいた類人猿の中で二足歩行のできるものは樹木の少ないところで、二足歩行で、生きのびていきました。この子孫《しそん》が人間です。

四本足で歩くより、二本足で歩く方がはやいといいます。類人猿からわかれた人類は、二足歩行のおかげで、食べ物を集めることができました。

五〇〇万年ほど前の人類（ホモ・サピエンス・サピエンス）の祖先《そせん》は三〇人ほどのグループをつくって、広大ななわばりの中で、協力して食べ物を探していたようです。眠るときは、けわしい崖《がけ》や小さい林などで寝ていたと考えられています。

私たちと同種の人類があらわれたのは、今から二〇万年くらい前とされています。

その人類がどこで生まれたかはよくわかりませんが、アフリカと考える研究者が多いようです。

まだサルの性質を残した、私たちの祖先がアフリカの草原でどんな暮らしをしていたと思いますか？　群《む》れの中には、おとなの雌《めす》と子供が多く、おとなの雄《おす》は少ししかいませんでした。強い雄が群れの中に残って、それ以外の雄は群れを離れて暮らしていたようです。

人類ははじめは全部黒人だったのですが、突然変異《とつぜんへんい》によって、白人や黄色人《おうしょくじん》が生まれてきました。突然変異はそう何度も起こるものではないのに、どうして白人も黄色人も数が増えたのでしょう。どうして黒人に負けないで増えてきたのでしょうか。なぜその数が三種類になったのでしょう。おばあちゃんにもわかりません。人類は大移動をくりかえし、地球《ちきゅう》上のいろいろなところに住みついて増えていったのです。

三八億年《おくねん》くらい前から、いのちはずっとつづいて、そして人類が生まれました。里菜ちゃんもその間ずっとつづいてコピーされたＤＮＡをからだの中にもっているのです。あなたのお友達ももっています。三八億年書きつづけられたいのちの手紙のコピーをもっているのですね。

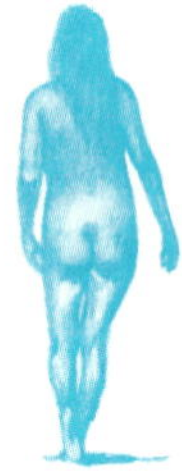

そんな里菜ちゃんってすごい子だと思いませんか？　そしてあなたのお友達もみんなこのようないのちの手紙をもっています。

さあ、やっと私たちが生きている時代にたどりつきました。私たちはこういう歴史をもったものなのです。私たちをつくっている細胞《さいぼう》や、食べ物や、そのほかのすべてのものも、地球の上にあるものはみんな、ほかの星がこわれるときに地球に降りそそいだ原子《げんし》からできています。私たちはお星様のかけらであり、お星様のかけらを食べて、お星様のかけらを着て生きています。

さて、最後に生命の歴史の長さを一年の長さにたとえるとどうなるかお話ししましょうね。

生物は三八億年から四〇億年前に出現したといわれていますが、一応、三八億年前に出現したとして、三八億年を一年にたとえてみましょう。生命が生まれたときを一月一日とします。すると、最初の哺乳類《ほにゅうるい》があらわれたのは一二月の半ばころにあたります。そのころはまだ、恐竜《きょうりゅう》が生きていたので、哺乳類は小型の夜行性《やこうせい》動物として大きな恐竜の目を逃《のが》れて生きていました。

そして、六五〇〇万年前、恐竜が突然絶滅《ぜつめつ》しました。理由はよくわかりませんが、地球に大きな隕石《いんせき》があたったからという考えが有力です。これが一年の長さでいうと、一二月二五日ころです。

恐竜がいなくなると、哺乳類はめざましい進化《しんか》をとげます。人類の誕生《たんじょう》を五〇〇万年前とすると、それは、一二月三一日の午後六時ころです。人類は、一万年前ころから農耕や文字の発明によって文明をもつようになりますが、それは一二月三一日の午後一一時五九分です。現代科学が発達しはじめたのが三〇〇年前とすると、午後一一時五九分五八秒、たった二秒前なのです。

たった二秒の知識《ちしき》で、三八億年を全部知ったような気になってはいけませんね。私たちは、まだ何も知らないのです。もし、宇宙《うちゅう》ができたときの歴史とくらべると、私たちの歴史はもっともっと短くなります。人は傲慢《ごうまん》になったときにまちがいをおこします。いつも謙虚《けんきょ》で慎重であることがたいせつです。

七

里菜ちゃんへ

今日はおかしかったことをお話ししましょう。テレビを観《み》ていたら愛知県にあるモンキーセンターでチンパンジーにお勉強をさせていました。

ここのチンパンジーは、問題に正しく答えられると、いつもジュースなどのごほうびがもらえます。ところがその日は、正しく答えてもジュースは出ないで、お金のような丸いものが、器械《きかい》から、ころころと転《ころ》がって出てきました。そこから歩いて、もう一つの器械のところにいって、そこにそのお金のようなものを入れると、はじめてジュースが出てくるのです。

チンパンジーにとって、この〝交換する〟という考え方はあまりむずかしくないようです。しばらく訓練していくうちに、〝お金〟をすぐにジュースに換《か》えないで、ためておいて、一度にたくさんジュースを飲むものまであらわれました。

さて、次は人間の話です。里菜ちゃんがやっと歩けるようになったころのことです。あなたは歩きはじめるのが、とてもはやかったので、そうですね、生後一〇カ月ころのことでしょうか。今にもころびそうになりながら歩いていました。

冷凍庫の前でおじいちゃんがアイスクリームを二さじ食べさせてくれました。あなたはとてもおいしいと思ってもっとほしかったのでしょう。でもまだお話はできませんでした。そこで、あなたは、ママのかばんのあるところに歩いていきました。ママのかばんの中のものを次々引っ張り出しています。何か探しているようです。里菜ちゃんはやっと見つけました。何と、それはお財布《さいふ》だったのです。

そのお財布をもって、あなたはやっと歩いておじいちゃんのところにもどってきました。そして、おじいちゃんにお財布を差し出したのです。おじいちゃんは何のことだかわからないみたいでしたので、おばあちゃんが、「もっとアイスクリームをちょうだいということでしょう」といいました。ほんとうにそうだったのです。そして、もう二さじアイスクリームをいただきました。食べ終わると、お財布をおじいちゃんにわたして、もどってきました。

里菜ちゃんは、お母さんとスーパーへいっていますから、何かをもらうときは、お金と交換するということを知っていたのです。言葉がしゃべれれば、「もっとアイスクリームちょうだい」といえるのに、赤ちゃんであることは不便なことですね。

こうしたことは、チンパンジーもすぐに覚えるようですし、生後一〇カ月くらいの子供にさえわかることですから、ものを交換するという考えは、わかりやすい考え方なのでしょうね。

八

里菜ちゃんへ

元気で学校へいっていますか。梅雨《つゆ》の終わりには、いつも雨がたくさん降って、日本列島のどこかで、ときどき洪水《こうずい》の被害が出ます。私たちは、まだ雨や風をコントロールする方法を知りませんが、もし雨を好きなときに降らせて、晴れる方がよい日は晴れにできるようになったら、どうなるでしょうね。

でも、いろいろな人がいるので、誰《だれ》の意見でお天気をきめたらよいか、困ってしまうでしょうね。やっぱり、雨か晴れかはお天道様《てんとうさま》におまかせしておくのが一番いいように思います。

さて、今日はカンブリア紀《き》の大爆発《だいばくはつ》についてお話ししましょう。里菜ちゃんは、化石《かせき》を見たことがありますよね。おばあちゃんがたいせつにしている三葉虫《さんようちゅう》、モ

ロッコでとれたアンモナイト、イカをのばしたようなオルトセラス。三葉虫とアンモナイトは五億年前《おくねん》のもの、オルトセラスは三億五〇〇〇万年前のものです。

こういう化石は、岩ごと切り出して、ぴかぴかにみがいて、おみやげ屋さんで売っているのです。

地層《ちそう》という言葉を聞いたことがありますか？　地層というのは、「砂、泥、礫《れき》（小さい石）、火山灰《かざんばい》、生物の遺骸《いがい》などが、海底や陸上で、水平に広がって沈積《ちんせき》したもの」と国語辞典には書いてあります。この説明は少しむずかしいかな？

土地を切り開いているところへいくと、切り崩《くず》されてあらわれた土地の壁面の土が層状に色ちがいになっているところがあります。そういうのを見たことがありますか？　それが地層なのです。

地層は時代ごとにちがった土になっています。ですからどの地層で見つかった化石かということがわかれば、化石になった生物が生命の歴史のどの時代に生きていたかがわかります。

地層は、だんだんにいろいろなものが積もってできたものですから、昔、そこにすんでいた生物は、押しつぶされて、ぺしゃんこな化石になっています。ぺしゃんこになってしまった化石から、もとの生物はどんな形をしていたかということを推測するのです。

カンブリア紀の大爆発について知りたいときには、まず、カンブリア紀の地層が外にさらされている場所を探さなければなりません。

生物の骨などは硬《かた》いので、化石になって残りますが、筋肉《きんにく》や臓器《ぞうき》は、腐《くさ》ってしまって、普通、化石としては残りません。ところが、生物のやわらかいところも化石化して残っていて、しかもカンブリア紀初期の生物が発掘されるところが世界で二カ所知られています。それはカナダのバージェス頁岩《けつがん》（平たい薄板《うすいた》）と中国の澄江《チエンジャン》にある発掘場です。バージェス頁岩でカンブリア紀の初期にどんな生物がいたかというウィッティントンたちの論文をグールドという人が、誰にでもわかる、とてもおもしろい本にしてくれました。その中には、よくもこんなおかしなかっこうの生物がいたものだというようなのがたくさんあります。

バージェス頁岩は、中国の澄江発掘場とおなじように、繊細《せんさい》でやわらかいからだをもった生物の化石が、細かい部分までよく保《たも》たれて発掘されています。この化石の断片をつなぎ合わせて、立体的な動物の形の想像図を描くには、特殊な才能が必要なようです。

ここで発掘され、復元された動物は、多種多様ですが、どれも体節《たいせつ》にわかれた構造をもっています。体節というのは、字の通り、体の節ですが、今いる動物の中では昆虫《こんちゅう》やエビなどにはっきりとわかる体節が見られます。人間では、体節が背骨《せぼね》に残っています。背骨を指でさわってごらんなさい。ふしにわかれているのがわかるでしょう。その一つ一つが体節です。

カンブリア紀の大爆発であらわれた動物は、ほとんど絶滅《ぜつめつ》してしまって、三葉虫とかエビとか昆虫の祖先《そせん》になった動物だけが生き残りました。そして、現在地球上にいる動物はほとんどカンブリア紀の爆発であらわれた動物の子孫《しそん》らしいのです。

さて、もう一度生命の歴史をふりかえってみましょう。今から三八〜四〇億年前に、生命は誕生《たんじょう》しました。やがて、DNA分子《ぶんし》は油の膜《まく》に包まれて細胞《さいぼう》が生まれました。三五〜三六億年前のものと思われるストロマトライトは、すべて細菌《さいきん》や下等《かとう》な藻類《そうるい》でできています。

今から一四億年前に、それまでの細菌とはちがう真核《しんかく》生物があらわれました。これが私たちの祖先になった細胞です。それからまた八億年の月日が、何の変化もなしに流れ、今から六億年前に多細胞生物《たさいぼう》が生まれました。

初期の多細胞生物の化石は、細胞が紐《ひも》のようにつながったもの、ホット・ケーキのように円盤状《えんばんじょう》になったものなどでした。それより少しあとの地層から発掘される化石は、三角錐《さんかくすい》のコップのようなものです。こうした多細胞生物が出現してからわずか三〇〇〇万年後の五〇〇〇万年の間にバージェス頁岩の化石に見られるような複雑な動物群が突然あらわれます。ほんとうに突然あらわれたのでしょうか。三角錐のコップと複雑な動物群の間にまたちがった動物がいたのに、その化石が見つかっていないだけなのではないでしょうか。そうかもしれないと思って研究者はよく調べました。その結果、三角錐のコップのような原始的な形の化石と、バージェス頁岩の化石に見られるような動物群の間を埋《う》める化石がまだ見つかっていないということは、まずありえないそうです。

カンブリア紀の少し前の先《せん》カンブリア紀の地層からは、それらしいものは何も出現しないのです。また、カンブリア紀より少しあとの地層であるドイツのゾルンホーフェン発掘場から出る化石には、カンブリア紀の大爆発とそれにつづく絶滅をのがれた動物の化石しか見つかりません。

カンブリア紀の大爆発とはいったい何だったのでしょう。これからも化石の発掘と分析はつづけられるでしょう。

ちょうど宇宙《うちゅう》のビッグバンとおなじように、カンブリア紀に起こったことは、複雑な形をした動物たちのビッグバンだったのです。

九

里菜ちゃんへ

梅雨《つゆ》が終わったら暑いですね。もうすぐ夏休み。夏休みには何をしますか。老人ホームへお手伝い、なんていうのはどうでしょう。人に何かをしてあげるということは、とてもうれしいことです。それに自分もおとなのように仕事ができるんだとわかることもうれしいことでしょう。そして、お世話をしているお年寄りから喜ばれて——。それはすばらしい経験になると思いますよ。

さて、今日はおばあちゃんの小さかったときのことをお話ししましょう。おばあちゃんは、子供のころ愛媛県《えひめけん》の松山というところに住んでいました。すてられている小さい犬や猫を拾ってきては、世話をしていたのですが、あまり小さいうちにすてられるので、拾ってきてもみんな死んでしまうのです。

死んだ犬や猫の赤ちゃんはお庭に小さな穴を掘ってうめました。その上に少し大きめの石をもってきて置いてお墓にしました。お墓の前には、小さい瓶《びん》をおいて、お水を入れておきました。

おばあちゃんが五歳か六歳のことだったと思います。八月のお日様がかんかん照っている暑い日に、お墓のまわりで遊んでいました。そして何かのはずみで、そなえてあるお水に手を入れたら、生《なま》ぬるいのです。次に石をさわってみたら、焼けるように熱く、最後に土にさわってみたら、冷たかったのです。

たいへんなものを見てしまったと思って、こわくなって、おばあちゃんはお座敷《ざしき》に駆《か》け込んで、お客様用のお座布団《ざぶとん》の間に頭をはさんでふるえていました。神様の秘密を見てしまったのだと思ったのです。そして、そのことは誰《だれ》にもいいませんでした。あなたならどうしたと思いますか?

これはおばあちゃんが自然の不思議にはじめて畏《おそ》れを感じたときでした。里菜ちゃんは、自然に対する驚きを感じたことがありますか?

一〇

里菜ちゃんへ

毎日暑いですが、もうすぐ夏休みですね。夏休みの計画は立てましたか？

今日はお魚からどうやってカエルができたかというお話をしましょう。まず三億《おく》五〇〇〇万年前に頭をきりかえてください。海の中にコイのようなお魚がいたとしましょう。お魚はみんなあごなしで、餌《えさ》を食べるのが下手《へた》です。里菜ちゃんは潜水《せんすい》服《ふく》を着て、海の中にいると思ってください。このお魚が群《む》れになって餌を食べているところをよく見ていると、なかに一匹だけ、餌を能率《のうりつ》よく、はやく食べる魚がいました。近寄ってみると、そのお魚は、あごがしっかりしていて、食べ物をかみくだくことができるのでした。

このお魚には、突然変異《とつぜんへんい》が起こっていて、のどを守る骨が、あごの骨に変化していたのです。突然変異というのは、ＤＮＡの中の塩基《えんき》という分子《ぶんし》の並び方が変わったために新しい性質をもった個体《こたい》ができることです。個体というのは、ここでは魚のことです。

あごのある魚は一回の突然変異でできたのかもしれませんし、何回もの突然変異によって、あごのある魚になったのかもしれません。今はまだわかりませんが、そのうちに、魚のあごがどうやってできたかがわかることでしょう。

あごのある魚は、食べ物をうまく食べられるので、餌が少ないときは、あごのない魚よりよけいに餌を食べられます。餌がほんとうに少ないときは、あごのない魚が死んでも、あごのある魚の方が生きのびやすいでしょう。

そういうことがくりかえし起こると、あごのある魚の割合がだんだん増えていきます。そして、ついには、あごのある魚だけになってしまうでしょう。

次に、あごのある魚のえらのすぐうしろの消化管《しょうかかん》の一部が突然変異で肺《はい》になった魚がいたとしましょう。えらは水の中の酸素《さんそ》をとるための器官ですし、肺は空気中の酸素をとるための器官です。これも一回の突然変異でできたのか、何度も突然変異を重ねたのかわかりません。おそらく何回も突然変異をくりかえしてできたのでしょう。

この突然変異した魚は、水から出ることができますので、浅瀬でも餌を見つけることができるでしょう。これは生存に有利な突然変異ですので、肺をもつ魚は増えていきます。肺魚《はいぎょ》と呼ばれている魚がいますが、名前を聞いたことがありますか？

今度は、肺のある魚でひれの中に骨ができて、歩ける魚が出てきました。この魚は浅瀬や水の涸《か》れたところも歩けるので、歩けない魚より、有利に食べ物にありつけました。こうして、突然変異の積み重ねで、水の中でも陸の上でも生活できるカエルやイモリのような両生類《りょうせいるい》ができてきたのです。

おもしろいでしょう？　おばあちゃんはこのお話が大好きです。まるで神様が魚の彫刻《ちょうこく》を彫《ほ》り込んでカエルをつくっているみたいだと思いませんか？「この骨は、ちょっと長すぎた。もう少し短くしよう」とか、「このくらいでいいかな？」なんていって、カエルができてしまったように思えます。でも、魚をカエルにしようとたくらんだ人は誰《だれ》もいません。ただ、DNAの中の塩基の種類や並び方が変わったために、変わった性質の魚ができてきて、変わる前の魚よりよく環境《かんきょう》に適応していたので、新しい性質をもつものが増えただけなのです。

ここでお話ししたことは、動物の進化《しんか》の話です。いろいろな動物ができてきた理由として、ウォレスとダーウィンは「進化論」を発表しました。その後、ダーウィンはさらに思索《しさく》を深め、いろいろな著作を著《あらわ》したので、ウォレスより有名になりました。進化論については、次の手紙に書きましょうね。

二

里菜ちゃんへ

この前の手紙では進化《しんか》のことが出てきましたね。それで、今日は進化論と、実際に自然界で、自然選択《しぜんせんたく》が起きているところが観察されたフィンチという鳥のくちばしについてお話ししましょう。自然選択というのは、ある性質をもつ生き物が、それをもたない生き物より多くの子孫を残せるように、その性質が後の世代へいっそう伝わるようになることです。

ダーウィンという人は一八〇九年に生まれ、一八八二年に亡《な》くなったイギリスの博物学者です。はじめは医学を学んでいましたが、途中から神学《しんがく》を学びました。ケンブリッジ大学の神学部を卒業するとすぐに、ビーグル号という海軍の測量船に博物学者として乗りました。

一八三一年に船はイギリスを出発し、五年間もかけて南半球を周航しました。その間ダーウィンは、南アメリカの東海岸や西海岸、その付近の島々や、ニュージーランドなどで、地質や動植物をくわしく観察しました。

彼は、アルゼンチンの草原から掘り出された化石《かせき》と、今、生きている生物とをくらべて、どこがちがい、どこがおなじかということを調べました。また、エクアドルのガラパゴス諸島と呼ばれる島々にすむ動物たちが、すんでいる場所によってどう変化しているかということを調べました。そして、その結果、生物は進化するということを確信したのです。

ある生物に突然変異《とつぜんへんい》が起こって、そのためにその生物が突然変異の前より生きやすくなったとします。突然変異を起こした生物の数が増えていき、起こさなかったものの数は次第に減っていくというのがダーウィンたちの考えです。突然変異を起こした生物が自然に選択されたのです。

このようなことがくりかえされれば、もとは一つであった生物が、次第に別のものになっていって、新しい種《しゅ》となるでしょう。雄《おす》と雌《めす》をかけ合わせたとき、子供ができるものをおなじ種に属するとします。はじめはおなじ種だったものが、次第に変化して別の種になることがあります。これが、ダーウィンが発表した進化論です。魚からカエルができることは前に書きましたね。それを思い出してくれれば、進化論は理解しやすいでしょう。

ダーウィンは一八五九年に『種の起源《きげん》』（正しくは『自然淘汰による種の起源』）という本を出版しました。この本は、生物の進化に関する一番重要な本として、今も読みつがれています。

この本が発表されると、「人間は神さまによってつくられた」と信じる人たちから非難を浴びました。人間がサルから進化したなどということは、「けしからん」こととされました。でも、今ではダーウィンの考えは正しいとされています。

進化論を発表したあとダーウィンは、進化を実験で証明できないことを残念に思っていました。人間は、せいぜい一〇〇年くらいしか生きられませんが、進化は何万年もかけてゆっくりと起こることだと考えられたからです。

ところがその後、アメリカのグラント夫妻たちは、生物を進化させる自然選択が、実際に目の前で起きていることを発見しました。

彼らが観察したのは、ダーウィンもかつて行ったガラパゴス諸島の生物たちでし

た。ガラパゴス諸島には、大小あわせて二十数個の島があります。全部火山島で、太平洋の底から火口《かこう》の先端が海面上につき出して島になったものです。グラント夫妻は、その中でも小さく、孤立したダフネ島と呼ばれる島で、おもに研究をしました。夫のピーター・グラントは、妻のローズマリーと捕獲箱《ほかくばこ》にかかったフィンチという鳥を測定していました。くちばしの長さは一五・八ミリメートル、高さ九・七ミリメートル、幅《はば》九ミリメートルというように。さらに体重を測り、左右の足に色のちがう足環《あしわ》をつけてからはなしてやりました。

そこでは、四年ばかり、まったく雨が降らず、島の生物たちにとっては、厳《きび》しい試練のときが訪《おとず》れていました。ガラパゴス諸島には、一三種のフィンチがいました。その一つはサボテンフィンチと呼ばれるもので、サボテンの花の蜜《みつ》を吸ったり、花や花粉《かふん》や種子《しゅし》などを食べて、サボテンの上で寝ます。そのほか道具を使うダーウィンフィンチや、葉っぱを食べるフィンチや、カツオドリの血を吸うフィンチもいました。

ダーウィンもこれらのフィンチを見ていましたが、一三種のフィンチの形があまりにもちがうので、別の種の鳥だろうと思って、あまりフィンチに興味をもちませんでした。

地上で生活しているフィンチは六種いました。これらはからだも大きく、地上にいて観察しやすかったので、グラント夫妻は観察の材料を、この六種のフィンチにしぼりました。特にその中の三種、オオガラパゴスフィンチ、ガラパゴスフィンチ、コガラパゴスフィンチについて丹念《たんねん》に調べました。

フィンチのくちばしの大きさは個体《こたい》によってちがいます。個体差を考えに入れると、くちばしの大きさからは三種のフィンチの区別がつかず、大きなものから小さなものまで連続的に変化していることがわかりました。

連続的にとは、たとえば、中型のガラパゴスフィンチの中には、大型のオオガラパゴスフィンチとおなじくらいの大きさのものや、小型のコガラパゴスフィンチとおなじくらい小さいものもいるということです。ガラパゴスフィンチで一番大きいものは、オオガラパゴスフィンチの一番小さいものとおなじ大きさで、くちばしの大きさについてもおなじことがいえました。

一般におなじ種に属する鳥は、ほぼおなじ大きさをしています。たとえば、ホオジロの一種であるウタスズメでは、くちばしの長さに個体差はほとんどありません。

平均値から一〇パーセントもずれたくちばしをもつ個体は、一万羽に四羽くらいしかいないのです。ところが、ガラパゴスフィンチの上くちばしの高さを測ると、平均値より一〇パーセントもずれたものが、三羽に一羽はいました。これは今までに鳥類《ちょうるい》で測定された値《あたい》の中で、もっとも変異にとむものの一つです。

グラント夫妻は地上フィンチが何を食べているかを四〇〇〇回も調べて、フィンチが好む種子《しゅし》、木の実、昆虫《こんちゅう》、葉、芽《め》、花を知ることができました。ガラパゴス諸島には、雨期《うき》と乾期《かんき》があり、一年の前半は雨期で、後半は乾期です。

グラント夫妻たちが観察をはじめたときには、前にも書いたように、すでに四年間も雨が降らないという特別な時期でした。この干《かん》ばつがフィンチの生存にどのように影響《えいきょう》するかということを調べようと思いました。そのためには乾期に調べるべきだということになり、次の乾期が訪れるまで、グラント夫妻はいったん祖国に帰りました。そして、数カ月後にまたガラパゴス諸島に来ました。グラント夫妻のいなかった間にも、雨は一滴《いってき》も降らなかったということでした。

フィンチの体重を測ってみると半年前にくらべて、どれも減っていました。また食べ物も、以前より八四パーセント減って、残っているものは、大きく、硬《かた》くて食べにくいものばかりでした。

フィンチはハマビシの実も食べますが、それにはとげがあって、中の種子を取り出すことがむずかしいのです。でも他に食べ物がなければ、これを食べるよりしかたがありません。しかし、くちばしの長さが一一ミリのフィンチはハマビシの種子を食べることができますが、それよりたった一ミリくちばしが短いフィンチは食べることができなかったのです。

このフィンチのくちばしの大きさは遺伝《いでん》し、世代から世代へと忠実に受け継《つ》がれていることがわかりました。

生き残っているフィンチは、小石をひっくり返し、溶岩《ようがん》をよく調べ、足の爪《つめ》で地面をひっかき、割れ目に頭をつっこんで種子を探しました。ときには大きな石に頭をあてて、脚《あし》でわきにある石を転《ころ》がしてどけました。体重が三〇グラムもないフィンチが、四〇〇グラムもある大きな石を転がしたこともありました。人でいえば、一トンもある大岩を転がしたことになります。けれども、そうやって転がしてもその石の下に食べ物があるとはかぎりません。

雨が降らなくなって五年めの一九七七年の出だしは順調でした。いつものように一月の第一週に雨が降りはじめました。ダフネ島は若葉と花におおわれ、フィンチたちが手軽に食べられる青虫がたくさん生まれました。このときガラパゴスフィンチが一〇〇〇羽ほど、サボテンフィンチも三〇〇羽近くいました。

最初の雨が降ると、数つがいのサボテンフィンチが交尾《こうび》をはじめました。そして、サボテンにつくった巣の中で、雛《ひな》は無事にかえりました。

けれども、ガラパゴスフィンチは、もう少し雨が降らないと繁殖《はんしょく》をはじめませんでした。雨は、一月の最初の週に降っただけでした。無事にかえったサボテンフィンチの雛たちも食べ物が足りなくて、巣立って三カ月もしないうちに死んでしまいました。

グラントと共同研究者のボーグは、ダフネ島がまだ緑豊かだった一九七六年の三月から、干ばつが峠《とうげ》を越えてサボテンの花が咲きはじめた翌年の一二月までの干ばつの影響をまとめてみました。

干ばつがはじまると、島の植物の種子の数がみるみる減少しました。大きくてかたくて食べにくい種子の割合は日増しに増加しました。食べ物の減少にともなって、フィンチの数も減りました。一九七七年のはじめには、ガラパゴスフィンチは一二〇〇羽いましたが、年の終わりには一八〇羽になっていました。その年の初めに二八〇羽いたサボテンフィンチは、年の終わりには一一〇羽になり、コガラパゴスフィンチは、一〇羽いたものが年の終わりには一羽しか残っていませんでした。

生き残ったのは、多くが最年長のフィンチでした。ガラパゴスフィンチもサボテンフィンチも生後一年の若い鳥で生き残ったのは、それぞれ一羽ずつでした。

グラントとボーグは、くちばしについて調べました。大きくてかたい種子しかなかった干ばつの時期を乗り越えることができたのは、からだが大きくて、くちばしも太いフィンチでした。生きのびたものは、死んだものより、平均して、五～六パーセントも大きなからだをしていました。

生きのびたフィンチのくちばしの長さの平均値が一一・〇七ミリ、死んだもののくちばしの長さの平均は九・九六ミリでした。この差は一・一一ミリです。たった一ミリのくちばしの長さのちがいが生死をわけたのです。雄は雌よりもからだが大きいので、雄の方が多く生き残りました。

干ばつという危機にフィンチの生と死をわけたのは「ごく小さな変異」、くちばしの、目に見えないほどの大きさのちがいでした。自然がわずかに大きなくちばしを選択した、自然選択の結果です。フィンチのくちばしの大きさは遺伝します。ですから次の世代の子供たちは、死に絶えたフィンチのくちばしよりも大きなくちばしをもつことになります。このようなきびしい自然の危機を乗り越えるたびに、フィンチのくちばしは大きくなっていきます。

このようなことがくりかえされて、何代もたったときに、進化が誰《だれ》の目にもわかるようになるのです。そして、もとの個体からあまりちがってしまうと、別の種となります。種のちがう雌雄《しゆう》の間には子供ができないか、できても育ちません。

このフィンチのお話はジョナサン・ワイナーという人が書いた『フィンチの嘴《くちばし》』（早川書房）という本にのっています。字が小さくて読みにくいかもしれませんが、里菜ちゃんにも読めると思います。わからないところをあまり気にしないで、一冊読み通してごらんなさい。むずかしい本が読めたという喜びにひたれるでしょう。

また、ダーウィンの『種の起源』もけっしてむずかしい本ではありません。こちらは岩波文庫に入っていますが、このようなたいせつな古典に目を通すのも楽しいことでしょう。

一二

里菜ちゃんへ

毎日何をしていますか。夏休みは楽しいけれど、すぐ終わってしまいますね。そして、最後になっておおあわて。宿題が終わってない！　そんなことにならないように、計画を立てて、生活してください。「そんなことわかっているのに、おばあちゃんはうるさいな」と思っているでしょう。

さて、今日は生物がどうやって子供を増やしていくかをお話ししましょう。里菜ちゃんはミツバチの結婚飛行のことを知っていますか？　おばあちゃんはこの間まで知らなかったのです。昆虫《こんちゅう》好きな男の子なら、そんな話はとっくに知っているでしょうね。

おばあちゃんは生物学者だから、生物については何でも知っていると思われると困ってしまいます。アゲハチョウだとかモンシロチョウだとかガとかはだいきらいです。蝶《ちょう》がきらいなのではなくて、あの幼虫《ようちゅう》がきらいなのです。

たいていの生物には雄《おす》と雌《めす》がありますね。雄と雌の生殖細胞《せいしょくさいぼう》がいっしょになる（受精《じゅせい》する）と新しい子供が生まれます。このような生殖（子供を増やすこと）のしかたを有性《ゆうせい》生殖といいます。下等《かとう》な動植物には、無性《むせい》生殖をするものもあります。受精をしないで増えていきます。たとえばイチゴが地面をはって匍匐茎《ほふくけい》で増えていくのは無性生殖ですね。

ミツバチには女王と雌の働き蜂《ばち》、それに雄の蜂がいます。女王蜂が成虫《せいちゅう》になると一回だけ結婚飛行をします。女王蜂はこの結婚飛行の間に五〇〇万個ほどの精子《せいし》を受け取ります。精子を雌のからだに入れた雄は即死します。そして、女王蜂はその精子をすべて使い切るまで生きるのです。父親が死んでから精子は、女王の貯精《ちょせい》嚢《のう》の中で何年も生きつづけます。この間、女王はほとんど老化することはありませんが、精子を使いはたして、受精卵《じゅせいらん》を産むことができなくなると、雄の蜂に殺されてしまいます。

カマキリの交尾《こうび》もすごいですよ。交尾というのは、雄が雌のからだの中に精子を注入することです。

雌のカマキリは、水田《すいでん》やセイタカアワダチソウの生《は》えているところに一匹ずつ散らばっています。その雌を求めて、雄はさまよい歩きます。カマキリは共食《ともぐ》いしますので、雄は、雌に見つかって食べてしまわれないように、注意深く雌のうしろから近寄ります。

雌から三〇センチくらいの距離になると、雄のカマキリは突然飛んで雌の背中に飛び乗ります。交尾が終わると、雄はすばやく雌から離れます。

たまに、雌がうしろを向いて、交尾中の雄を食べることがあります。頭と胸の部分まで食べられても、交尾はつづきます。

細菌《さいきん》などのように、性とは関係ない、無性生殖をする方がずっと簡単なはずですが、ほとんどの生物は、有性生殖をします。これだけ広く生物界に広がっているものですから、有性生殖には何か大きな意味があるにちがいありません。でも、まだわかっていないのです。

生殖細胞をつくるときには、両親から受けたＤＮＡをおたがいに組み換《か》えます。これは、顕微鏡《けんびきょう》でも見えます。生物はこのようにして、傷ついたＤＮＡをもつ細胞を排除《はいじょ》しているのかもしれません。生物が有性生殖で増えることには、おそらくDNAについた傷を修理し、よりよいDNAを選ぶという意味があるとおばあちゃんは思っていますが、まだそこまで研究は進んでいません。

人間の場合は、交尾といわず、交接《こうせつ》といいます。人間の場合は、雄の本能《ほんのう》につき動かされた交尾とはちがうと考えたいものです。三八億年《おくねん》以上、コピーされてきたDNAがここではじめて出会い、新しい遺伝《いでん》情報をもった子供が生まれるのです。こんな神秘的なことはないでしょう。人間の場合は、愛情に裏打ちされた神秘的な厳《おごそ》かなおこないです。

夏休みの間は、お母さんのお手伝いをして、いろいろなことを教えていただいてください。お得意料理がつくれるようになったら、お呼ばれにいきますから。

では、元気でね。

一三

里菜ちゃんへ

お友達と海へいったんですって？　楽しかったでしょう。海水浴場は混み合っていて、何かを深く考えることはできませんが、人間には水への郷愁《きょうしゅう》があると思います。海の波、さらさら流れる小川。そんなものに気持ちを引かれたことはありませんか？　これはきっと私たちが海の中で生まれ、お母さんのお腹《なか》の中の羊水《ようすい》にひたっていたことと関係があると思うのですが、どうでしょう。

お母さんのお腹の中では、赤ちゃんは、三八億年《おくねん》以上も昔から、人間になるまでの進化《しんか》の過程をくりかえすのです。正確にくりかえすわけではありませんが、サカナ、トカゲ、カエル、カンガルー、ネズミ、ヒトなどは、はじめはどれもよく似た形をしていますが、発育するにつれて、それぞれ個性的なからだの形になっていきます。

ヒトの受精卵《じゅせいらん》では、受精後八週めに脚《あし》の間に小さな突起《とっき》ができます。やがて、この小さな突起の両側にもう一対《いっつい》の突起があらわれます。男の子の場合には、この突起が二つとも発育して陰嚢《いんのう》になり、女の子の場合には、突起の間に裂《さ》け目ができて膣《ちつ》になります。

このころになると、男の赤ちゃん（胎児《たいじ》）では、アンドロゲンというホルモンがつくられます。胎児はアンドロゲンがなければ、みんな女の子になります。アンドロゲンが分泌《ぶんぴつ》されてはじめて、男の子への分化《ぶんか》がはじまるのです。アンドロゲンとテストステロンという男性ホルモンが男性をつくるのです。

男の胎児では、原始睾丸《げんしこうがん》は受精後一三週めには、腹腔内《ふくくうない》にできています。睾丸の中ではすでに精子《せいし》がつくられはじめています。女の胎児でも一一週めにはすでに卵巣《らんそう》ができていて、受精後四カ月には、全生涯《ぜんしょうがい》につくられる五〇〇万個の卵のもとになる卵母細胞《らんぼさいぼう》ができています。

里菜ちゃんが四つのときに、「ママが子供のときに、里菜ちゃんはどこにいたの」としつこく聞いて、ママを困らせました。ママが子供のときどころか、ママがおばあちゃんのお腹の中にいるうちに、里菜ちゃんはもうママのお腹の中にいたのですよ。でも、それはほんとうの里菜ちゃんではなくて里菜ちゃんになる卵ですね。半分の里菜ちゃんです。それにパパの精子が受精してはじめて、ほんとうの里菜ちゃんができたのです。あなたのお腹の中に、もう赤ちゃんの半分がいると思うと不思議でしょう?

遺伝《いでん》情報を書いた三八億年前からの手紙をもって、赤ちゃんはあなたのお腹の中で出番を待っているのです。

次のお手紙では、思青期《ししゅんき》についてお話ししましょう。元気でね。

一四

里菜ちゃんへ

九月になってしまいましたね。まだ暑い日がときどきありますけど、空の色を見てください。秋の色ですね。これからしばらく過ごしやすい日々がつづくでしょうが、秋は寂しいですよね。秋のお花は目立たないようにそっと咲いています。

今日は、思春期《ししゅんき》のことをお話ししましょう。思春期は、エストロゲンという女性ホルモンと、テストステロンという男性ホルモンに支配されています。思春期というのは、子供からおとなへの橋渡しの時期なのです。

思春期がいつはじまるのかは、人によってちがいますが、八歳から一八歳の間に訪《おとず》れます。女の子の方が男の子より一年くらいはやくはじまります。男の子の思春期を支配するホルモンはテストステロンという男性ホルモンで、女の子ではエストロゲンという女性ホルモンが働きます。たった一つのホルモンが――と思うほどいろいろなことが起こります。今日は女の子の場合についてお話ししましょう。この次は男の子。女の子も、男の子も、おたがいに思春期にはどういう変化が起きるのかということを知っている方がよいと思います。

子供からおとなに移ることは、からだにとっても、心にとっても、とてもたいへんなことなのです。

女の子は急に背が高くなり、お乳《ちち》が大きくなって、ウェストが細くなります。そして、丸みをおびたおとなの女のからだに変身します。おとなの女の人とおなじように、子供のころは生《は》えていなかった毛が生えてきます。この時期にニキビに悩まされるのも普通のことです。

女の子では何といっても生理《せいり》がはじまることが大きな問題でしょう。これは、子宮《しきゅう》が受精卵《じゅせいらん》を受け入れる準備ができたというしるしなのです。赤ちゃんをお腹《なか》の中で育てられるようになったということです。生理がいつはじまるかは人によってちがいますが、最近では栄養状態がよいので、昔よりはやくはじまります。ホルモンは、体重を基準にして、生理をいつはじめるかということをきめているのです。

生理もはじめのうちはあまりきちんと起こりません。そのうちに、ほぼ二八日に一回起こるようになります。生理は、赤ちゃんを受け入れるために子宮が準備した組織《そしき》を体外にすてるために起こるのです。組織をこわして血液のようにしたものが出てきますので、はじめはびっくりしますよね。赤ちゃんができたときには、組織をすてるわけにはいかないので、生理がなくなります。

赤ちゃんを産める一人前《いちにんまえ》の女性になったということはすばらしいことでしょう？昔から、お赤飯《せきはん》を炊《た》いてお祝いするしきたりがあります。

思春期には、女の子も家族のいうことにいらいらしたり、何もかもに反抗《はんこう》してみたくなったりします。そして、人の目が気になり、自意識過剰《じいしきかじょう》になります。みんなが自分を見ているようで、自分が他の人とちがうのではないかと悩んだりします。

でもそれはあなただけではないのです。思春期の子供たちは、多かれ少なかれこんな気持ちをもっています。ですから何か心配だったら、ほかの子もおなじように辛《つら》いのだと思ってください。ちょうど幼虫《ようちゅう》が美しい蝶《ちょう》に脱皮《だっぴ》するときのようなものです。

思春期を上手《じょうず》にやり過ごして、立派《りっぱ》なおとなになってください。

一五

里菜ちゃんへ

すっかり秋らしくなってきましたね。蟬《せみ》の鳴き声がやんで虫の音《ね》が聞こえます。夜など、窓を開けておくと肌寒《はだざむ》いくらいです。梨《なし》や、栗《くり》や、サツマイモ、ミカンなど実りの秋を思わせます。お庭には萩《はぎ》が咲き、紫式部《むらさきしきぶ》の実が紫になってきました。

さて今日は男の子の思春期《ししゅんき》についてお話ししましょう。おばあちゃんが思春期だったころ、男の子については誰《だれ》も教えてくれませんでした。だから、異性《いせい》に気を引かれるのは、女の子だけだと思っていました。男の子も、女の子が気になってしょうがないのだということは結婚してだいぶんたってから知りました。

そういう経験がありましたので、私は、女の子も男の子の思春期について知っていなければならないし、男の子も、好奇心だけでなく、女の子のことを知らなければいけないと思います。

ウッカリして甘いお茶なんて飲んだり
カッコつけてピアノなんか聴《き》いてみたり
大人じゃないような　子供じゃないような
何だか知らないが　輝ける時
誰かと恋をしたら　そんな時は言いたいなあ
真っ黄色に　咲いた夏のヒマワリ
群青色《ぐんじょういろ》に　暮れかけた夕暮れに
美しい形　美しい響き
何だか心が　哀《かな》しくなるね
誰かの愛を知ったら　分かるようになったブルース

1人1人のブルース　かなり切《せつ》ないブルース
夢を仕掛《しか》けたら　さあぐっすり眠ろう!

夢で見たよな　大人って感じ？
ちょっと判《わか》ってきたみたい

草原より　速く吹いてくる夜風《よかぜ》
岩に立ち　闇《やみ》を見てるよライオン
僕《ぼく》らは歩くよ　どこまでも行くよ
何だか知らないが　世界を抜けて
誰かと会うとしたら　それはそうミラクル！

素晴らしい色に　町はつつまれひっそり
きっと今は誰もみんなしんみりする
空に見える星　ちょっと見えてる星
確かに輝く美しい時
誰かのこと思うと　すっかりメランコリー

何千の色　町の上を流れる
何十年も時がゆっくりと進む
僕らは歩くよ　どこまでも行くよ
何だか知らないが　白髪《しらが》になってね
誰かの歌を聴くと　夏の日は魔法

そしてウットリとブルース　かなり切ないブルース
部屋片付《かたづ》けたら　さあちょっとだけ踊《おど》ろう！
夢で見たよな　大人って感じ？
ちょっと判ってきたみたい

（小沢健二「大人になれば」）

男の子の思春期は、急激な成長ではじまります。これはだいたい一〇歳から一六歳くらいの間に起こります。洋服も靴も小さくなってしまいます。筋肉《きんにく》がついてきますが、自分で筋肉のトレーニングをするのは、少し待った方がよいでしょう。からだは、まだ落ち着いていないのです。

声が低くなります。子供のとき生《は》えていなかったいろいろなところに毛が生えてきます。

自分でも驚くほどに異性《いせい》に興味をもつようになります。女の子のことが気になって仕方がありません。女の子のことを考えただけで、顔が赤くなったりして、自分でもとまどってしまいます。でも、これはごく正常なことですので、心配はいりません。テストステロンが命令をしているのです。

思春期の男の子は精子《せいし》をつくるようになります。眠っているときなどに精液《せいえき》と精子が外へ流れ出る射精《しゃせい》が起こることがあります。これももう少し大きくなれば治《なお》ります。正常なことですから心配はいりません。

今は性に関する情報があふれていますので、かえってあなた方をまごつかせてしまうのではないかと思います。あなたは、今、子供からおとなへの転換期にあるということをしっかり認識《にんしき》してください。何もあせることはありません。

もう一つの大きな変化は、気分です。反抗期《はんこうき》といわれるように、この年ごろの男の子は、いらいらしてとても不機嫌《ふきげん》です。家族ともうまくいきません。これも正常なことで、反抗期がない方が心配です。この反抗期も一七、八歳になるころに、たいていは突然なくなります。あまり急に分別《ふんべつ》をもった優《やさ》しい息子があらわれてお母さんはびっくりするでしょう。

こうして、男の子も、女の子も、子供をもつことができるようになります。からだがそうなるだけでなく心もおたがいを自分よりたいせつに思えるようになります。愛情の芽生《めば》えですね。この愛情が二人が死によって別れさせられるまでつづくかどうか、よく考えてみましょう。

愛情を抱《いだ》かせるホルモンは、はじめはたくさん出ていますが、一生そのようにたくさん出るわけではありません。結婚しても、やがて愛情の質は変わっていきます。それでもこの人と一生をともにすることができるかおたがいによく考えなければなりません。

動物は強い雄《おす》がたくさんの雌《めす》をしたがえることが多いようですが、人間の結婚には一夫一婦制《いっぷいっぷせい》という法律のあるところが多いのです。夫や妻は一人でなければなりません。

どうして人間がほかの動物よりも長寿《ちょうじゅ》になったかというと、子供が非常に未熟《みじゅく》な状態で生まれてくるので、それを育てるために閉経《へいけい》（生理《せいり》がなくなること。もう赤ちゃんは産めません）後も長く生きるようになったのであろうといわれています。両親には子供を正しく養育する義務《ぎむ》があります。ですから、自分にそのような能《のう》力《りょく》があるかどうか、よく考えて、そのような能力がもてるようになるまで子供をもつことはひかえなければなりません。この中には子供を育てるに足る経済力も入ります。

あなたに

あなたの
そんなにやわらかい　おなか
そのおなかを包んでいる可愛《かわ》いい腰骨《こしぼね》
ぼくたちの子供を産むために
指で押すと
しんなりとくぼむほどに

そんなにやわらかいおなか

のぼっていくと
やがて
僕のばらばらの指をしびれさせる
ぷくりとふくれてやわらかく尖《とが》った乳房《ちぶさ》

ね　僕たちの子供は　きっと
ぬれたような新芽のすかしが入っていて
髪の毛はいい匂《にお》い
或《あ》る午前
青い植物達の翳《かげ》がみだれるなかで
僕たちの子供は
茎《くき》から指の腹で折るように剝《は》がした刺《とげ》を
唾《つば》で鼻柱《はなばしら》にくっつけて

きっと
両手を挙《あ》げて僕たちを威嚇《いかく》する
小さい犀《さい》！

ね　その唾も鼻柱も眼も足も　みんな
そのしんなりやわらかいおなかからだね

眼をつぶったりして　あなたは
笑って黙《だま》っているあなたの頭は
頸《くび》のところで　ぽっきりと折れ曲《まが》り
その重みは
すくい上げる僕の両　掌《りょうてのひら》に協力する

（川崎　洋「あなたに」『川崎洋詩集』国文社）

ホルモンというのは、ほんとうに不思議なものです。ロメオとジュリエットのように、絶対に許されない相手にも心を燃やしてしまうのです。理性がまったく通じなくなってしまうのですね。ホルモンがあなたを誤った道に踏み込ませるのをふせぐように、理性を働かせなければなりません。エストロゲンやテストステロンという小さい分子《ぶんし》に、どうしてこんなことができるのかはまだよくわかっていませんが、不思議なことですね。

赤ちゃんは三八億年《おくねん》の昔から手紙を運んで来ます。三八億年という時間の重みを考えてみてください。赤ちゃんは、神秘的で尊《とうと》いものです。

一六

里菜ちゃんへ

里菜ちゃんが三つのとき、幼稚園の副園長先生が亡《な》くなりました。園児とお母さんたちがご遺体《いたい》と対面しました。あなたも列の中に並びました。あなたのうしろの男の子たちが大声で話しながら列を乱していました。あなたはママにこういったんですよ。「あの子たち、静かにしないと、副園長先生、目が覚《さ》めちゃうよね」。

三歳児として、これは普通の反応です。小さい子供にとって、死を理解することはむずかしいのです。そのうちに目が覚めるか、どこかから帰ってくるだろうと思っています。

四歳から九歳くらいまでの子供も、死というものをほんとうに理解することはできません。一〇歳以上になると、おとなとほとんどおなじように死を理解することができます。親しい人の死を悲しみをもって迎えます。

自分の死についてはどうでしょうか。それを実際に起こることとして考えるのはむずかしいかもしれません。それでも、子供は小さいときから自分の死というものを考えているのかもしれません。白血病《はっけつびょう》の子供が書いたものを読むと、自分の死を受け入れているみたいです。

あなたのママは三歳のときに毎日夜になると「死ぬのがこわい」といっておばあちゃんを困らせました。あまりそういうので、幼稚園の懇談会《こんだんかい》のときに、先生にうかがってみました。そうしたら、三歳児が死をこわがることはそれほどめずらしくないとおっしゃいました。ママは絵本か何かで、死ということを知ったのでしょうね。

一〇歳になると死を理解できるといいましたが、そのときの苦悩《くのう》は、死ぬときは苦しいのではないかとか、親しい人と別れるのが辛《つら》いといったようなことです。ところが二〇《はたち》歳を過ぎて、自我《じが》が確立されると、自分がこの世からいなくなることに恐怖を感じるといいます。

自我というのは、説明がむずかしいのですが、辞書を見ると、「時間の経過や種々の変化を通じての自己同一性《じこどういっせい》を意識《いしき》している」と書いてあります。認識、感情、意志、行為《こうい》などの主体としての自分を自我といいます。このような自我が確立されるのが二〇歳過ぎですので、こうなってはじめて人間は一人前《いちにんまえ》となるのです。二〇歳を過ぎるまでの青少年は、自己という感覚がまだ弱いのです。

モーツアルト

死ぬということは
モーツアルトを聴《き》けなくなるということだ

アインシュタインがそう言ったそうだ
その本を僕《ぼく》は読んでいないので
言いかたが違っているかもしれない

生きているということは

モーツアルトを聴けるということだ
何を聴こうかと選ぶに迷い
今夜もひとときひとり聴く
この深いよろこび
この大きなしあわせ
生きているあいだ　生きているかぎり
（大木　実「モーツアルト」『現代詩文庫 1041　大木実』思潮社）

私たちはなぜ死ぬのでしょうか。生命が地球に生まれてから、三八億年《おくねん》あまり、細胞《さいぼう》は分裂《ぶんれつ》をつづけています。三八億年ものあいだ、とぎれることなくつづいて、しかも進化《しんか》してきたいのちというものを考えてみてください。その間に生《せい》ばかりでなく、死の方も進化してきたのです。

細胞は、栄養状態が悪くなったり、環境《かんきょう》が悪くなると死んでしまいます。人間でも餓死《がし》したり、凍死《とうし》したりしますね。生き物は繊細《せんさい》なのです。このような受動的な死、仕方のない死のほかにもっと積極的な死があります。

積極的な死というのは、細胞がまだ十分生きていく力をもっているのに、死んでしまうのです。一番わかりやすい例は、手足の指です。手足は、いったん丸いかたまりとしてできますが、指の間にあたる細胞が死んで、五本指ができます。このような細胞自身の積極的な死はアポトーシスと呼ばれています。

このような細胞死のはじまりは、おそらく生命の歴史の中で、誕生《たんじょう》間もない単《たん》細胞《さいぼう》の時代からあったものと思われます。

その時代はまだ紫外線《しがいせん》が強かったことを思い出してください。紫外線によってDNAがこわされたり、そのほかの理由でこわされたときは、そのような細胞を急いで細胞の集団から取り除《のぞ》かないと、こわれた細胞が増えてしまいますね。ですから、このような細胞を生命の流れの中から見つけだして、自殺させるのです。自殺の命令を出す遺伝子《いでんし》もあります。ここに生命の歴史の中での死のはじまりが見られます。

多細胞《たさいぼう》生物では、それぞれの細胞に寿命《じゅみょう》があります。ですから、からだ全体は生きていても、からだの中ではたくさんの細胞が死んでいます。そして、新しい細胞が死んだ細胞にとってかわります。

私たちは、年を取って死ぬので、老化《ろうか》と死は結びついているように思われますが、他の生物では、老化のないものもあります。すでにお話ししたミツバチやカマキリは青春のまっただ中で即死《そくし》します。

細菌《さいきん》などは二つに分裂し、さらに二つに分裂すると四つになり、さらに分裂すると八つになるという方法で増えていきます。ですから、集団から排除《はいじょ》しなければならない細胞を殺しても、問題は起こりません。このような単細胞の生物は、たくさん増やして悪いものは殺すという方法をとっています。

それでは、多細胞の生物ではどうでしょうか。たとえば脚《あし》の細胞を、細菌が増えるようにどんどん増やして、その中からいい細胞だけを選び出すことができるでしょうか。これでは、脚はその形を保《たも》てませんね。多細胞生物では、この方法はとれません。では多細胞生物はどのような戦略を立てたでしょうか。

多細胞生物は、生殖《せいしょく》細胞にだけ、細菌のようにたくさん増やして悪いものをすてるという機構《きこう》を残して、残りのからだは一代で殺して排除してしまうという方法を取りました。八〇年も生きれば、細胞の中のＤＮＡにはたくさんのうつしまちがいや傷がたまっているはずです。そのようなＤＮＡをふたたび使うと、長い間には、人類に異常なＤＮＡがたまってくるでしょう。傷ついたＤＮＡを使うということは、人類の滅亡《めつぼう》にもつながるでしょう。人類という集団を健康に保つために、私たちは死ぬのです。

私たちが死ぬということには、こういう意味があるのです。生物学的にこのような意味があるとわかっても、死ぬのはこわいし、親しい人との永遠の別れは悲しいですね。おそらく、どんなに科学が進んでも、人間を不死にはできないだろうと思います。

梅酒

死んだ智恵子《ちえこ》が造《つく》つておいた瓶《びん》の梅酒《うめしゅ》は
十年の重みにどんより澱《よど》んで光を葆《つつ》み、
いま琥珀《こはく》の杯《さかずき》に凝《かたま》つて玉のやうだ。
ひとりで早春の夜《よ》ふけの寒いとき、

これをあがつてくださいと、
おのれの死後に遺《のこ》していつた人を思ふ。
おのれのあたまの壊《こわ》れる不安に脅《おびや》かされ、
もうぢき駄目《だめ》になると思ふ悲《かなしみ》に
智恵子は身のまはりの始末《しまつ》をした。
七年の狂気は死んで終《おわ》つた。
厨《くりや》に見つけたこの梅酒の芳《かお》りある甘さを
わたしはしづかにしづかに味はふ。
狂瀾《きようらん》怒濤《どとう》の世界の叫《さけび》も
この一瞬を犯《おか》しがたい。
あはれな一個の生命を正視する時、
世界はただこれを遠巻《とおまき》にする。
夜風も絶えた。

（「梅酒」『高村光太郎全集』第二巻　筑摩書房）

一七

里菜ちゃんへ
あなたは詩が好きですか。おばあちゃんは大好きです。今活躍しておられる詩人で、長田《おさ　だ》弘《ひろし》氏という方がいらっしゃいます。今日はその方の「はじめに……」という詩を書いてみましょう。

はじめに……

星があった。光があった。
空があり、深い闇《やみ》があった。
終わりなきものがあった。

水、そして、岩があり、
見えないもの、大気があった。

雲の下に、緑の樹があった。
樹の下に、息するものらがいた。
息するものらは、心をもち、
生きるものは死ぬことを知った。
一滴《いってき》の涙から、ことばがそだった。

こうして、われわれの物語がそだった。
土とともに。微生物《びせいぶつ》とともに。
人間とは何だろうかという問いとともに。
沈黙《ちんもく》があった。
宇宙のすみっこに。

（長田弘「はじめに……」『黙されたことば』みすず書房）

これまでの手紙をよく読んでくれたから、この詩はとてもわかりやすいと思います。これまでは生命のことをお話ししましたが、少し欲張《よくば》って宇宙《うちゅう》と地球《ちきゅう》の誕生《たんじょう》についても書いてみましょう。そうすれば生命の誕生について、もっと深く理解できるでしょう。そして、長田氏の詩も――。

今日は私たちが住んでいる、地球はどうやってできたかをお話ししましょうね。

里菜ちゃんは、宇宙って何だか知っていますか。私たちが住んでいる天地四方《てんちしほう》のことです。私たちは、宇宙の中の、地球という星に生きているのですね。

宇宙は今から一五〇億《おく》（一五〇〇〇〇〇〇〇〇〇）年《ねん》前にできたといわれていますが、誰《だれ》も見た人はいませんので、ほんとうのことはわかりません。いろいろな説がありますが、その中の一つにビッグバンと呼ばれている考えがあります。

その考えによると、今から一五〇億年前に、真っ暗闇の中に小さな火の玉があらわれたと思うと、その火の玉が大爆発《だいばくはつ》を起こしたのです。この火の玉はとても熱くて、その温度は一〇〇〇〇〇〇〇〇〇〇〇〇〇〇〇〇〇〇〇〇〇〇〇〇〇〇〇〇〇〇度もありました。その火の玉の中には、宇宙の中にあるいろいろな物質をつくるもとになる粒子《りゅうし》がたくさんつまっていました。

火の玉は、たいへんないきおいでふくらんで、それにつれて、温度もさがってきました。火の玉の温度が高いときには、中にある粒子の運動が活発でしたが、温度がさがるにつれて、粒子はゆっくりと動くようになりました。火の玉の大爆発後、最初にあらわれたのは、クォークという粒子でした。クォークは、そのころまだ小さかった宇宙の空間にあらわれました。

クォークは、直径が〇・〇〇〇〇〇〇〇〇〇〇〇〇〇〇〇一ミリよりも小さい粒子です。これは、普通の顕微鏡《けんびきょう》ではもちろん、電子《でんし》顕微鏡でも見えません。そんな粒子があるって誰がいったのでしょうね。そういう研究は、物理学でおこなわれます。

身のまわりの物質をつくっている粒子で、これ以上わけられないと思われていたものをギリシャ時代の人が原子《げんし》と呼びました。ところが、研究が進むにつれて、原子はもっと小さい粒子にわけられることがわかりました。そのような粒子の一つがクォークです。温度がさがったとはいえ、宇宙はまだ高温です。クォークはぶつかったり、おたがいにくっついたり、離れたり、さかんに運動しています。

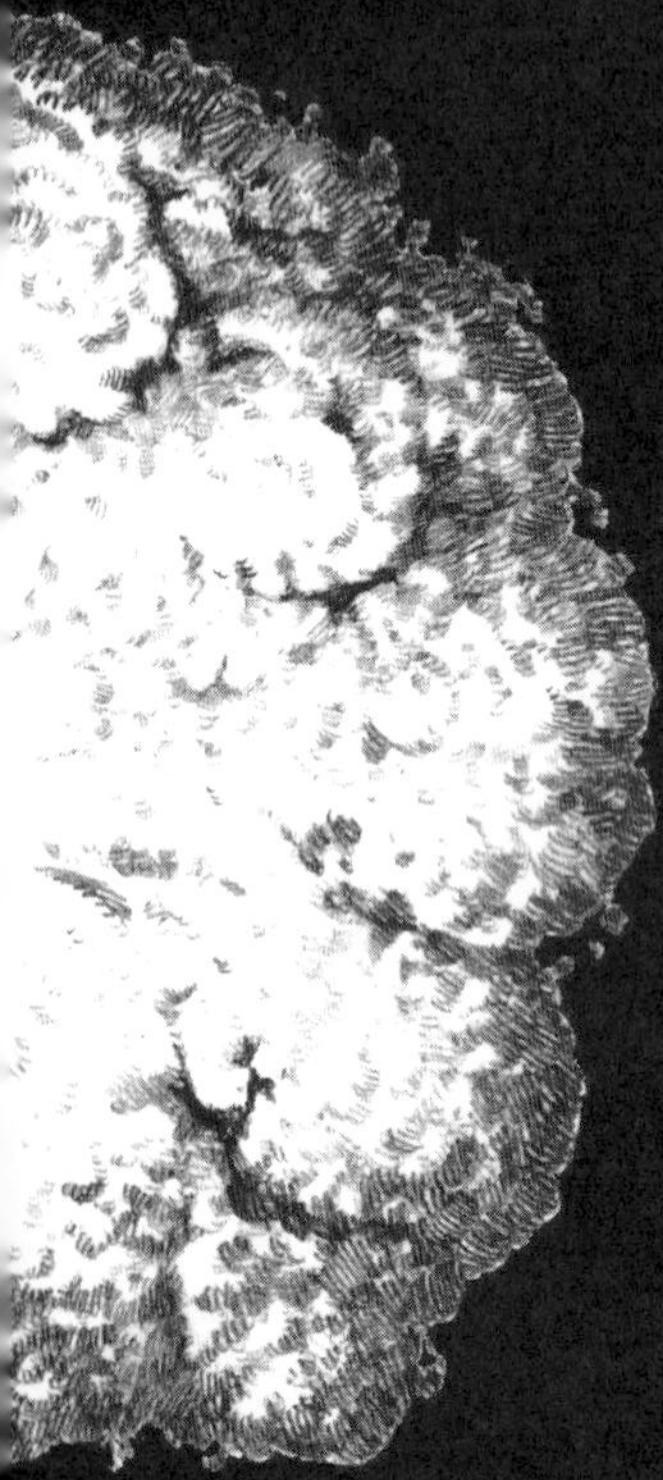

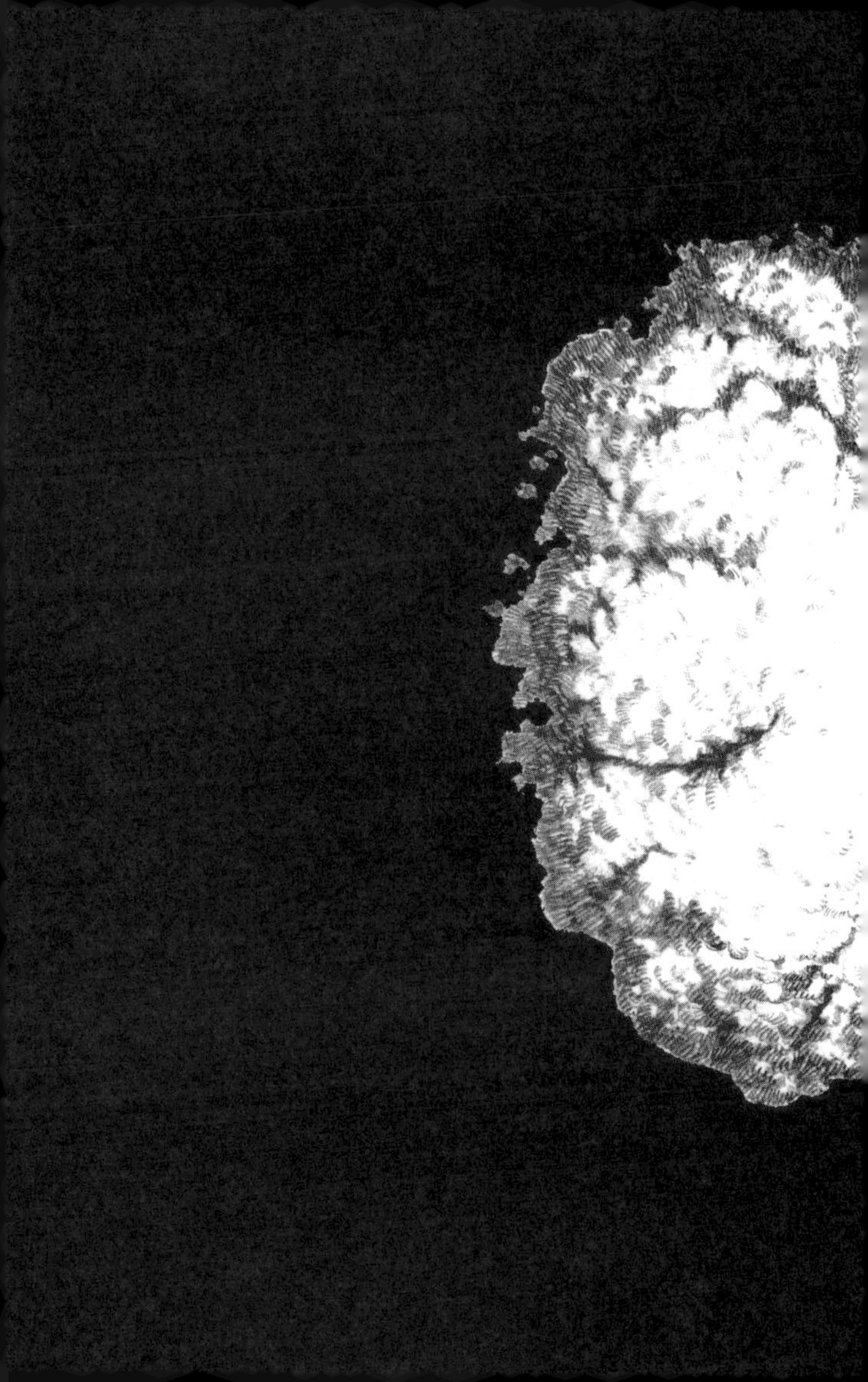

ビッグバンがはじまってから、〇・〇〇〇〇〇〇〇〇〇〇〇一秒たつと、電子という粒子もあらわれました。

ビッグバンから〇・〇〇〇〇一秒たつと、温度はもっとさがり、一〇〇〇億度くらいになります。すると、クォークが三つずつくっついて、陽子《ようし》や中性子《ちゅうせいし》という粒子ができます。そして、陽子、中性子、電子などがどろどろしたスープのように宇宙の中につまっています。このころになると、光もあらわれます。光も粒子なのですよ。光は波のような性質ももっています。一七世紀にホイゲンスは、光の性質をいろいろ調べて、光が波であると考えるとその性質がうまく説明できるとしました。

けれどもさらに光の性質を調べていくと、光は何もない真空《しんくう》の中でも進行することがわかりました。真空の中を伝わるということから、光は電場《でんば》や磁場《じば》の波である、すなわち電磁波《でんじは》であると考えられるようになりました。その後、アインシュタインは光を粒子と考えると、いろいろな光の性質が説明されるとして、光の要素となる粒子を光量子《こうりょうし》と呼びました。こうして、光は波と粒子の両方の性質をもつものとされています。

ビッグバンから一秒たつと、宇宙の温度は一億度くらいにさがります。温度が低くなると、陽子と中性子がくっついて、かたまりをつくるようになりました。二つの陽子と二つの中性子がくっついたかたまりをヘリウムの原子核《げんしかく》といいます。

ビッグバンはまだつづいて、宇宙はどんどんふくらんでいきます。ビッグバンから三〇万年もたつと、温度は三〇〇〇度くらいになりました。これくらいの温度になると、ヘリウムの原子核や陽子と、電子がくっつくことができるようになります。

ヘリウムの原子核と電子が一つくっついたものがヘリウム原子です。原子は、原子核を中心にして、その外側を電子がまわるような構造をもっています。原子というのは、それ以上わけられないものと考えられていたのですが、陽子と中性子と、電子という粒子にわけることができたのです。

一つの陽子のまわりを一つの電子がまわっている原子を水素《すいそ》原子と呼びます。水素原子も陽子と電子にわけることができるのですね。水素原子の直径は、〇・〇〇〇〇〇〇〇一ミリくらいです。こうして時間がたつにつれて、いろいろな原子ができてきますが、水素原子やヘリウムのような原子が宇宙の中のいろいろなものをつくっている基本となるのです。ビッグバンは、一五〇億年くらい前に起こりましたが、宇宙は今でも広がっています。

ちょっと想像《そうぞう》してみましょう。真っ暗闇の中に突然小さな火の玉があらわれました。火の玉の中には、物質のもとになる粒子がいっぱいつまっていました。その火の玉は、ものすごいいきおいで爆発し、どんどんふくらんでいきました。私たちは、この火の玉の宇宙の中に生まれました。宇宙はいつまでも、どこまでも広がるのでしょうか。宇宙について研究している人たちは、宇宙にも終わりがあるといっています。もちろん、今すぐ終わるのではないのですが。

ちょうどこのころ、ヘリウム原子や水素原子のまわりに霧《きり》が立ちこめました。その霧は、ヘリウム原子や水素原子でできたガスです。ガス状に広がったので霧のように見えるのです。しばらくすると、それまで一様《いちよう》だったガスの中に濃《こ》いところと薄《うす》いところができてきました。

濃いところは、原子が集まっているところです。原子どうしに引きつけ合う力、重力《じゅうりょく》があるからです。重いものほど重力が強いので、いったんかたまりができはじめると、そのまわりの原子がどんどん引きつけられていくことになります。こうして銀河《ぎんが》ができていきます。

銀河の中から星が生まれます。銀河の中でも、大きいかたまりにはさらに、小さいかたまりがくっついて、星になります。このころには、もうビッグバンから何億年もの歳月が流れていました。

ビッグバンからおよそ一〇〇億年も過ぎると星がたくさんできてきますが、星もやがて年をとって爆発し、死んでしまいます。すると、それまで星を形成していた粒子は、爆発によって、宇宙空間に放り出されます。放り出された星のかけらは、また新しい星の材料になります。

さらに、何千万年という歳月が流れました。そして、私たちの住む銀河系《ぎんがけい》ができました。その銀河系の中で、最初にはげしくガスをふいていたところが太陽《たいよう》になり、そのまわりを水星《すいせい》、金星《きんせい》、地球、火星《かせい》、木星《もくせい》、土星《どせい》、天王星《てんのうせい》、海王星《かいおうせい》がまわるようになりました。太陽を中心にした、この一群の星を太陽系《たいようけい》と呼びます。

地球は、今から五〇億年くらい前にできたとされています。ビッグバンから数えると一〇〇億年たったころです。地球のまわりには、月というもう一つの星がまわっています。月がいつごろできたかはよくわかりません。

できたばかりの地球には、小さい星のかけらがはげしくぶつかります。そのたびに、地球は宇宙に向けて熱を放出し、地球の内部にふくまれているガスが蒸発しました。

このガスには、水蒸気《すいじょうき》や水素、一酸化炭素《いっさんかたんそ》、二酸化《にさんか》炭素、窒素《ちっそ》などの分子《ぶんし》(原子が集まってできたもの)がふくまれています。このほかにも、いく種類かの分子をふくんだガスが熱い地球から大きな湯気《ゆげ》となって立ちのぼりました。

このころの地球の温度は一〇〇〇度以上もあり、いろいろな分子をふくんだガスにすっぽりと包まれていました。このような地球に、星のかけらがぶつかると熱が出ますが、ガスがあるために、熱が逃げられません。こうして、地球はますます熱くなりました。

この熱のため、地球はどろどろに溶《と》けて、マグマの海となります。マグマの海は、深さが一〇〇〇~二〇〇〇キロメートルにもなり、地球全体が火山の溶岩《ようがん》におおわれたようなものだったのです。

マグマは、水蒸気を吸収する性質をもっているので、マグマが多くなると、地球を取り巻いているガスの中の水蒸気が吸収されました。こうして、まわりのガスが減ると、地球の熱は逃げやすくなって、温度がさがり、マグマが固まります。マグマが固まると、水蒸気を吸収できなくなるので、またガスが増えてきます。こんなことをくりかえしながら、地球の表面の温度と、地球を取り巻くガスの量とがつりあって安定するところに落ちつきました。

やがて、地球にぶつかる星のかけらも少なくなり、地球の温度はさらにさがっていきました。地球の表面が冷えると、それまで水蒸気の分子として浮いていた水の分子が雨になって地球上に降りそそぎました。雨は、何万年も降りつづいて、地球上には海ができました。

今から四五億年くらい前の、生まれたばかりの地球の状態です。まだ温度が高く、海はごぼごぼと煮《に》えくりかえっていました。あちこちで稲妻《いなずま》が光り、雷《かみなり》がくりかえし落ちました。

海の中には星のかけらにふくまれていた分子や原子がたくさんあります。雷のエネルギーや、地球の熱エネルギー、宇宙から降りそそぐエネルギーがたくさんありました。

こういう海の中でいのちは生まれました。今から三八億年から四〇億年前のことでしたね。どうですか？　地球ができるまでってすごいでしょう？　大きくいえば、これも生命の歴史に関係がありますよね。

宇宙の中での私たちは、ほんとうに小さくて、あってもなくてもどうでもいい存在です。でも自分というのは、後にも先にも自分一人です。三八億年かけてつくられたものです。そして、八〇年くらいの寿命《じゅみょう》をあたえられています。あなたもあなたのまわりの人もみんなです。そういう人たちと出会ったことは奇跡《きせき》のようなものです。ですから出会いをたいせつにしましょう。その人と出会ったことは、こんなに長い生命の歴史の中で、おなじ時におなじ場所にいたという奇跡です。

一八

里菜ちゃんへ

おばあちゃんは毎日里菜ちゃんのことを思って、いつも幸せでありますようにとお祈りしています。

おばあちゃんが三つのときに第二次世界大戦がはじまりました。戦争はだんだんひどくなり、おばあちゃんとおばあちゃんのお母さんと弟は、夜になると大きな川の河原《かわら》の草むらの中にかくれました。おばあちゃんのお父さんは、学生さんを連れて、爆弾《ばくだん》などをつくる工場で働いていました。

お母さんは、逃げるときはいつも青酸《せいさん》カリという強い毒薬《どくやく》をもっていました。もしも敵《てき》の兵隊さんが近づいてきたら、子供たちにのませて、自分も死ぬつもりだったのです。

一九四五年、おばあちゃんが七つのときに戦争は終わりました。日本が負けたのです。勝った国アメリカは、日本に何をするかわかりませんでした。負けた国は、何をされてもしかたがないと思っていたのです。

私たちの心配に反して、アメリカはとても親切でした。栄養が足りなくなっている子供たちのために、学校給食をはじめ、栄養のあるものを食べさせてくれました。古着があちこちの国からも送られてきました。

そして、何よりすばらしかったことは、憲法《けんぽう》の第九条に「もう戦争はしません」という誓《ちか》いを立ててくれたことでした。おばあちゃんのお友達の中にも、お父さんが戦争で亡《な》くなった人がたくさんいました。

生き残って戦争から帰ってきた人たちは一生懸命《いっしょうけんめい》働きました。廃墟《はいきょ》から、日本人は不死鳥《ふしちょう》のように立ち上がったのです。電気製品や自動車などをつくることで、日本の経済は復活しました。

おばあちゃんが子供のころ、そうですね、今から五〇年くらい前には、テレビも洗濯機《せんたくき》も冷蔵庫も電子《でんし》レンジも電気釜《でんきがま》も何もありませんでした。こういうものを一生懸命つくって、安くて、よい製品を売り出したのです。そして、世界の人々が日本の品物を信頼してどんどん買ってくれたのです。

日本は次第に豊かになって、他の国から注目されるようになりました。ちょうどそうなりかけてきたころに、里菜ちゃんのママは生まれて、里菜ちゃんが生まれたときには豊かな国日本がその勢いをいくらか落としているときでした。ものは豊富にあり、おいしいものもいくらでも食べられます。かわいい靴や洋服。ママも里菜ちゃんも生きるというのはこういう豊かさの中で生きることだと思っているでしょう。

でもテレビや新聞を見るとわかるように、世界にはたいへんな国がたくさんあります。食べ物が足りなくて死んでゆく子供たち、お金がなくてお薬を買えなくて死んでいく人々もいっぱいいるのです。

日本は科学技術を使って、どん底から立ち直りました。けれども、広島、長崎に落とされた原子爆弾《げんしばくだん》も科学技術の落《お》とし子《ご》です。科学技術は上手《じょうず》に使えば、すばらしいものになりますが、使い方をまちがえると、とんでもないことになってしまいます。

今でもアメリカとロシアやその他のいくつかの国には原子爆弾があって、ボタン一つ押せば相手の国を粉々《こなごな》にしてしまえるようになっています。人を殺すことは悪いことだといいながら、なぜ人を殺す機械《きかい》がどんどんつくられているのでしょう。あなたたちがおとなになったときは、自分の国のことだけ考えるのでなく、地球《ちきゅう》を平和な美しい星にしておくように努力してください。

私たちが気をつけなければならない科学技術は日常の生活の中にもたくさんあります。たとえば、私たちは電気にたよって生活していますね。今、東京に四時間の停電があったらどういうことになるでしょうか。道路の信号機が使えないので、車が走れなくなります。電車が動かなくなります。電灯がつかない。ご飯が炊《た》けない。テレビは観《み》られない。電話はかからない。冬なら寒くてこごえてしまうでしょう。

このようなたいせつな電気ですが、私たちはその電気を起こすために原子力も使っています。そのために放射性《ほうしゃせい》の廃棄物《はいきぶつ》ができるのですが、放射能を出す物質は、私たちのからだにとても悪いのです。DNAを傷つけて、突然変異《とつぜんへんい》を起こすのです。突然変異にはその生物にとって有利な突然変異と不利な突然変異、良くも悪くもない突然変異があります。なぜか不利な突然変異のほうが目につきやすいものです。

こういう廃棄物をどうしたらよいかもわからずにどんどんためこんでいます。

〝つけ〟はあなたたちにいくのかもしれないのです。

まだあります。私たちが食器や何かに使っているプラスチックからは、内分泌攪乱物質《ないぶんぴつかくらんぶっしつ》（環境《かんきょう》ホルモン）が出ることがあります。この物質のこわいところは、ホルモンと似たところがあって、私たちのからだの中では、自分のホルモンがちょうどよい濃度《のうど》で出て働いているのに、それをむちゃくちゃにしてしまうことです。

赤ちゃんがお母さんのお腹《なか》の中にいるときに赤ちゃんの脳《のう》の神経細胞《しんけいさいぼう》は長くのびて、神経回路をつくっていきます。正常な場合には、エストロゲンという女性ホルモンが、神経細胞がのびることを助けます。ところが、赤ちゃんの脳ができていくときにたくさんのエストロゲンに似た働きをする内分泌攪乱物質があたえられたら、脳の神経回路はうまくできないで、異常な子供が生まれてしまうかもしれません。

また内分泌攪乱物質は、生殖器《せいしょくき》の発達を妨《さまた》げます。そして、子供ができなくなってしまったり、生まれた子供が育たずに死んでしまったりします。これは動物で観察された結果ですが、ヒトでも、最近、精子《せいし》の数が半分くらいに減っているという報告があります。

子供の生まれる数が減って、生まれる子供に異常児の割合が極端《きょくたん》に増えれば、人類の存続が危《あや》ぶまれます。

最近の科学の進歩の大きなヒットは、人間のDNAの塩基《えんき》の並び方を全部読んだということです。文字の並び方がわかっただけで、いろいろな遺伝子《いでんし》の働きはこれから研究するのですが、好きな遺伝子を組み込んだ赤ちゃんをつくる日も近いといって喜んでいる研究者もいます。おばあちゃんはそんなことをしてはいけないと思っています。

クローン人間をつくろうという動きもあります。クローン人間をつくるには、まだ受精《じゅせい》していない卵細胞《らんさいぼう》の核《かく》を取り除いた中に、おとなのからだの細胞を一つとって入れるのです。これを子宮《しきゅう》の中に入れて赤ちゃんになるまで育てます。生まれてきた赤ちゃんは、細胞を提供したおとなとおなじ遺伝子をもっていることになります。

クローンをつくる技術と先に書いた遺伝子を入れる技術をいっしょにすると、自分とそっくりだけど、頭がものすごくいいとか、野球がすごくうまいというヒトをつくることもできるはずです。

里菜ちゃん！　あなたたちは、これからこういう時代に生きていくのです。しっかり生きのびられるだろうか、人間がだんだん減っていくつらさを味わわないですむだろうかとおばあちゃんは心配しています。どうぞ、人間の知恵をよい方に使って、幸せに生きてください。おばあちゃんの心からの願いです。

II　いのち華やぐ

一九

里菜ちゃんへ

この間まで暑い日がつづきましたが、今日はちょっと涼しくて、ほっとしています。あなたは、暑いときはプールにいっているのでしょう？　たくさん泳げるようになりましたか？

今日は、朝ご飯がすんで、ぼんやりとテーブルに座《すわ》っていたら、急にあたりがさわがしくなりました。何だと思いますか？　カラスが来たのです。

それまで、梅《うめ》の木にたくさん鳴いていたセミの一匹が、きききききと鳴きました。大きなカラスが梅の枝に止まって、セミを捕《つか》まえているのです。ほかのセミは、ぱっと飛び立ちました。飛び立ったセミをカラスは追いかけましたが、空中ではうまくとれなくて、カラスはあきらめました。そしてお向かいのテレビアンテナのうえで羽《は》づくろいをはじめました。この音を聞きつけて、カラスが集まってきましたが、セミはどこかへ逃げてしまいました。

カラスってこわい鳥ですね。肩がとても強そうに張っていて、くちばしも大きく、目がものすごく鋭いのです。色は真っ黒だし、声は悪いし、いたずらはするし、あまり歓迎したくない鳥ですけど、一生懸命《いっしょうけんめい》生きているのですよね。

セミは、枯《か》れた木などに卵を産みます。ニイニイゼミ、ヒグラシなどは五〇日以内、アブラゼミ、ミンミンゼミなどは約三〇〇日で孵《かえ》ります。幼虫《ようちゅう》は、土の中に入って木の根から養分《ようぶん》を吸って生活します。アブラゼミとミンミンゼミは、卵が産みつけられてから七年めに親になります。雄《おす》は親になってから四日めに鳴きだし、一〜二週間で一生を終わります。

セミの雄は、お腹《なか》の中に大きな袋をもっているところがほかの昆虫《こんちゅう》とちがうところです。この袋は薄《うす》い膜《まく》でできていて、ちょうどゴム風船をお腹に入れているみたいです。そのために内臓《ないぞう》などは側壁《そくへき》の方に押しつけられ、お腹の中心は空洞《くうどう》になっています。これが共鳴室《きょうめいしつ》になります。

V字型の発音筋《はつおんきん》が震動《しんどう》を起こすと、その両端につづく発音盤《ばん》が音を出します。そのとき出る音は弱いのですが、お腹の中にある共鳴室の空気が振動《しんどう》するので、お腹全体から大きな音が出ます。セミの種類によって、共鳴室の形がちがっていて、神経《しんけい》が興奮《こうふん》すると、種《しゅ》独特の音を出します。

セミにはきれいな言葉がありますね。空蟬《うつせみ》というのはセミの抜《ぬ》け殻《がら》のことです。蟬時雨《せみしぐれ》。たくさんのヒグラシがいっせいに鳴くと、ほんとうに雨のようです。

昔のセミは、日が暮れるとともに鳴くのをやめましたが、最近のセミは夜も鳴くのですね。夜になっても電気で明るいから鳴くのだそうです。人間の文化はこんなところでも、自然を混乱させているのです。

セミが鳴くから、カラスも興奮して鳴き交《か》わしています。

二〇

里菜ちゃんへ

お元気ですか。今年は梅雨《つゆ》らしい雨が少しも降りませんでしたので、植物はたいへんだったでしょう。おばあちゃんのお友達にいただいた美しい萩《はぎ》は優雅《ゆうが》に風に揺れているけど、きっと根は少しでも伸びて、お水にありつこうと苦労していると思いますよ。

あなたはミミズはきらいですか。おばあちゃんは、好きじゃないけど、そんなにきらいでもありません。春先の雨の降ったあとなど、コンクリートの上でたくさん死んでいるのを見たことがあるでしょう？　土の中へ帰る道がわからなくなってしまったのでしょうか。

ミミズには目はないのですが、光を感じる細胞《さいぼう》がからだの先端にあって、光のあたらない方へと移動します。ミミズは光のないところが好きなのです。目はなくてもそれなりにしたたかに生きています。

ミミズは、日中はたいてい土の中にかくれていますが、夜になると土の中から出てきて、やわらかくなった枯《か》れ葉やくさりかけた植物の繊維《せんい》などを食べます。

ミミズは雌雄同体《しゆうどうたい》といって、一つのからだの中に雄《おす》の生殖器《せいしょくき》と雌《めす》の生殖器があります。それでも、他のミミズと腹のあたりから細い突起《とっき》を出して、おたがいに精《せい》子《し》を注入し合います。精子を混ぜて、いろいろな遺伝子《いでんし》をもった子供をつくるのです。精子の交換に三〇分から四時間かかります。

それから一週間ほどで、卵を産みます。ミミズは、唾液《だえき》で円筒状《えんとうじょう》の卵胞膜《らんぽうまく》をつくり、この中に卵とタンパク質の粘液《ねんえき》を入れます。産卵後ミミズはからだを後退させながら、卵胞膜を次第に前方に移し、受精嚢《じゅせいのう》にたくわえていた精子を放出して受精させます。卵胞膜が頭の先から抜けると、両端がちぢんで卵包《らんぽう》という袋になります。卵を産んだミミズはまもなく死にます。

卵包の中でミミズは育ち、はやいもので、二〜三週間、おそいものは冬を越してから生まれます。

ミミズは昼間は土の中にいますが、雨がたくさん降ると、酸素《さんそ》がたりなくなって、地上にはい出してきます。そこに日があたると、紫外線《しがいせん》にやられて死んでしまいます。さっき書いたように、春先などにミミズがたくさん死んでいるのはそのためです。

そうそう、ミミズで忘れてはならないものがあります。ミミズのからだは節《せつ》でできているのに気がついていますか？　私たちの背骨《せぼね》をさわってみてください。やっぱり節があるでしょう。ミミズと人間が親戚《しんせき》である証拠《しょうこ》です。

二一

里菜ちゃんへ

夜です。虫の声がたくさん聞こえてきます。この間まで、セミが鳴いていたと思ったら、もう虫が鳴くようになってしまいました。学校もはじまって、またいそがしくなったことでしょう。

里菜ちゃんは、クラゲは食べたことがありますよね。中華料理で使う、細長いこりこりしたものです。黒っぽいキクラゲではなく、うす茶色で細長く切ってあります。

生きたクラゲは見たことがありますか。おばあちゃんがあなたくらいの年のころ、よく新潟《にいがた》の海にいきました。おばあちゃんのお母さんが新潟の人だったので、夏休みにはよく新潟のおばさんの家にいきました。

そこは直江津《なおえつ》というところに近くて、直江津の海にいくのが楽しみでした。直江津の海だから日本海です。ここは、八月のはじめまではいいのですが、八月の中ごろになると、土用波《どようなみ》といって、人間の背の高さより高い大きな波が来るので、あぶなくて入れなくなります。

波が高くなるだけでなく、クラゲが出てくるのです。クラゲは水の中にいるときは、透明でよく見えないのですが、人を刺《さ》すのです。きっと人ばかりでなく、こわいと思うものは何でも刺すのでしょう。ちくんとして電気がぴぴーと走るような痛さです。

波が高いので、クラゲがよく砂の上に打ち上げられていました。とろんとしたゼリーのようなクラゲが、強い日光にあたって、溶《と》けたようになっていました。

ミズクラゲは、春から秋にかけて日本近海《きんかい》でよく見られるクラゲです。おばあちゃんを刺したのもきっとこのクラゲです。ミズクラゲには雄《おす》と雌《めす》があります（雌雄《しゆう》異体《いたい》）。丸くて深い皿型の傘《かさ》をもっていて、傘の直径は、二〇〜四〇センチです。口の四隅《よすみ》が長く腕《うで》のようにのびています。これを口腕《こうわん》と呼びます。

傘の中心部に大きな輪紋《りんもん》が四つ見えますが、この紋は生殖器官《せいしょくきかん》です。雌の生殖《せいしょく》囊《のう》の下には、卵が集まっている保育囊があり、雄が放《はな》った精子《せいし》がここに入ると、体《たい》内受精《ないじゅせい》をして卵が分裂《ぶんれつ》しはじめます。

雌の口腕の根元には〇・二ミリほどのプラヌラ幼生《ようせい》がくっついています。クラゲの赤ちゃんです。この幼生は一晩たつと、母親から離れて先端部分を岩や石などにしっかりつけて動かなくなります。

その後、プラヌラ幼生はスキフラ幼生に変化して一六本の触手《しょくしゅ》を出して、岩などに固着《こちゃく》しています。このように岩などにしっかりついたものをポリプと呼びます。

春先になると、すり鉢型《ばちがた》だったポリプはだんだん大きくなり三ミリくらいになります。そして、ちょうちんのようにたくさんの横ひだをもつストロビラ（横分体《おうぶんたい》）になります。ストロビラは横ひだのところから一枚ずつはなれてエフィラ幼生となります。やがて、ポリプとして岩などに固着していたクラゲの幼生は海に泳ぎ出していきます。

エフィラ幼生は一週間くらいたつと一〇ミリほどのメテフィラと呼ばれるクラゲになります。一カ月もたつとゼリー状の傘の部分も厚くなって、親クラゲとおなじようになります。さらに三カ月後には生殖器が成熟《せいじゅく》して卵を産みます。

クラゲはいろいろな幼生の時代を通っておとなになります。その形の変化が大きくて、とてもこれが親子だとは思えないでしょう。このような変化を変態《へんたい》と呼んでいます。変態はいろいろな動物が赤ちゃんからおとなになるときに見られる現象です。

海の動物の幼生は、他の魚の餌《えさ》になってしまいますので、たくさん産んでおかなければなりません。幼生や、サカナの卵などをあわせてプランクトンと呼びます。おばあちゃんの親戚《しんせき》の川西清子さんが、プランクトンの観察のしかたを教えてくださいました。

まず、初夏の海で小さな海藻《かいそう》をとってきます。海藻の先端を少しと海水を一滴《いってき》、スライドグラスにのせて、カバーグラスを泡《あわ》を入れないようにかぶせて、顕微鏡《けんびきょう》で見ます。

海藻の表面には、びっしりとミクロの植物が付着し、その間をぬって不思議な形をしたプランクトンが行《ゆ》き交《か》います。

プランクトンネットで海水をこし取ってみると、ネットの先端にたまった水の中にはいろいろなプランクトンやその他の生物がたくさん入っています。春先なら、精巧《せいこう》な工芸品のような浮遊《ふゆう》ケイソウが無数に入っていて目を奪われますし、夏の赤潮《あかしお》の水などは、一滴の中に何百という渦鞭毛藻類《うずべんもうそうるい》（単細胞《たんさいぼう》の運動能力のある藻《も》で、頂端《ちょうたん》に二本の鞭毛をもっています）がうごめいて、水が盛り上がって見えます。

私たちの世界とまったくちがう世界が水の中にあります。今度のお誕生日《たんじょうび》には、小さい顕微鏡を買ってあげましょう。楽しみにしていてください。

秋くらげ

山には遠い海岸に
くらげはまつさをに群《む》れてゐた
くらげは心《しん》から光つてゐた
あるものは岸辺に打ちあげられ
松並木はこうこうと鳴つてゐた
くらげにはくらげの可愛《かわい》さがあつた
私はそれをつくづく眺《なが》めてゐた

山はみな高く海べに映つて
ときをり雪もふつてゐた
くらげは眺めて居れば居るほど
あはれな　いき甲斐《がい》のないもののやうな気がした

（「秋くらげ」『室生犀星全集』第二巻　新潮社）

二三

里菜ちゃんへ

今年の梅雨《つゆ》はあまり雨が降りませんでしたが、みんなきまったときに花をつけてくれました。

夏の初めの蒸《む》し暑い日に、小さい白い羽虫《はむし》が群《むら》がって飛んでいるのを見たことがありますか。これはカゲロウです。一匹ずつの虫を見ていると、地面から二メートルくらいの高さまで、あがったりさがったりしながら飛んでいます。

この虫の群《む》れているところは、ゆらゆらと揺れて、何となく頼りなく見えます。カゲロウという名前はそこから来たのでしょう。陽炎《かげろう》を見たことがありますか。陽炎というのは、春のうららかな日に野原などに、ちらちらと立ち上る空気です。日《ひ》射《ざし》のために熱くなった空気が、光を不規則に屈折《くっせつ》させて起こるものです。車で走っていると、車の前方、かなり離れたところのアスファルトで空気が暖められて、何かがめらめらと立ち上っているように見えることがあります。

昆虫《こんちゅう》のカゲロウは、水辺を好んで飛びますが、交尾《こうび》・産卵《さんらん》を終えれば、数時間から一日で死にます。幼虫《ようちゅう》は水の中で二、三年過ごしてから成虫《せいちゅう》になります。そしてたくさん群れて飛んでいるのは雄《おす》です。その群れの中に雌《めす》が飛び込みます。そして交尾した雌雄《しゆう》のカゲロウは、空中で折り重なるように飛び回り、やがて交尾が終わると、雌は静かに水の中に降りて卵を産みます。

成虫のカゲロウには口がありません。食べられないようになっています。何も食べないで力のかぎり上へ下へと飛んで、交尾をすると一日くらいで死んでしまいます。交尾をするために水から出たのですね。そして、卵を産んでしまえば、親はいらないということです。

水の中で生まれた赤ちゃんカゲロウは、誰《だれ》の力も借りず、一人で羽のあるカゲロウに羽化《うか》します。羽化したカゲロウは、水の外を飛びます。卵を産むとすぐ死んでしまう虫はたくさんいますね。セミもそうでした。サカナではサケなどが卵を産むとすぐ死んでしまいます。

子供を残すということが生物にとっていかにたいせつかわかるでしょう。交尾をして、卵を産めば、もう親はいらないのです。人間の親が長く生きているのは、子供を教育するためと考えられていますが、世の中が変わってくると、そうとはいえなくなりそうです。

二三

里菜ちゃんへ

毎日ひどい雨ですね。梅雨《つゆ》の終わりにはたいていどこかで大雨の被害が出ます。鉄砲水《てっぽうみず》などという、はげしい水の流れで、家ごと人が流されて、死んでしまうような災害が毎年起こります。

日本は国土が狭《せま》いので、汽車に乗ってみると、「こんなところに?」というようなところに家が建っています。だから、何十年に一度というような豪雨《ごうう》が降ると、流されてしまうのですね。

自然の力をあまく見てしまうということもあるでしょう。誰《だれ》でも、自分の家が流されて自分が死ぬなんていうことは考えたくないですよね。「今年は災害が起こりませんように」と祈りましょう。

あなたはサワガニって見たことがありますか？　甲《こう》は丸みのある四角形で、幅《はば》が二センチ半くらいの小さなカニです。甲の色は灰褐色《はいかっしょく》のものが多いです。たいていのカニは海にいるのですが、このカニは川や沢《さわ》などのきれいな水の流れているところで、砂の中にもぐっています。ときどき水の中から出てきて、カニ独特の横歩きをします。

おばあちゃんが小さいころには、まだたくさんいました。遠足で近くの山などに行くと、沢を歩くサワガニをよく見たものです。

サワガニ以外にも、川で過ごすカニはいますが、どのカニも、卵を産むときは海にもどります。けれどもサワガニだけは、産卵《さんらん》も淡水《たんすい》の中でするのです。

夏の終わりになると、雌《めす》のサワガニのお腹《なか》の下に四〇から五〇くらいの卵があります。秋になると、卵を抱《だ》いた母ガニは、石の下で静かに赤ちゃんの成長を待ちます。卵の中で赤ちゃんは育ちます。

月の明るい秋の夜、お母さんガニは、流れの静かなところに出ていきます。お腹の卵を静かに水に浸《ひた》すと、一つひとつの卵から、小さなゾエア幼生《ようせい》と呼ばれる赤ちゃんが出てきます。

水の中でゾエア幼生はエビのような形のメガロパ幼生になります。その後変態《へんたい》して、お母さんとおなじカニの形になります。しばらくの間、お母さんガニは、お腹の下のゾエア幼生をたいせつに抱いています。

けれども、やがて子ガニたちはお母さんのもとを離れます。冬がやってきます。水が冷たくなり、氷が張ることもあります。餌《えさ》は少なくなっています。それでも小さいカニは生きていかなくてはなりません。

自然はきびしいですね。けれどもそのきびしさに耐《た》えて、いろいろないのちがどんなにけなげに育っていることか、感動的です。

二四

里菜ちゃんへ

暑い暑いといっていたけれど、今日はすっとつめたい風が吹いていきました。もう秋だなあと思うと、夏の暑さもおなごりおしい気がします。

あなたは占《うらな》いを信じますか？　信じるにしろ、信じないにしろ、占いって好きでしょう。おばあちゃんのお母さん、あなたのひいおばあちゃんは占いが大好きでした。いろんなところへ見てもらいにいき、トイレが北側にあるのがいけないとか、お玄関が西向きなのはいけないとかいって、いちいちお祓《はら》いをするのです。

おばあちゃんが病気になったときも、もちろん見てもらいに行きました。そしてうちのうらの方が不浄《ふじょう》になっているからお酒をまいて清《きよ》めなさいといわれました。

ひいおばあちゃんは、占い師のところから、帰ってくるとすぐに、おばあちゃんに、家のうらにお酒をまいてお祈りしてきなさいといいました。

うらは小さいお庭になっているでしょう？　そこには大きなあじさいの木が一本あって、とてもきれいな青い大きな花が咲くのです。おばあちゃんはあじさいが好きだから、うらへいくのは好きでした。

ちいさい入れ物にお酒を入れて、るんるん気分で裏庭に行きました。裏庭の入り口のところは、向かって右側がトイレとお風呂場《ふろば》になっていて、白くペンキで塗《ぬ》ってあります。

そこでおばあちゃんは何を見たと思いますか。とびきり大きいアゲハの幼虫《ようちゅう》が、トイレの白い壁に貼《は》りついていたのです。黄緑《きみどり》の地《じ》に真っ黒い筋《すじ》と斑点《はんてん》があって、どこかに赤もありますよね。

おばあちゃんはお酒を入れものごと投げ出して、お祈りどころではなく、家に飛び込みました。ハアハアする息を一生懸命《いっしょうけんめい》しずめました。ひいおばあちゃんには、ちゃんとお酒で清めてお祈りをしてきたといいました。

ねえ、里菜ちゃん。わかりますか。あのグロテスクな大きな芋虫《いもむし》が真っ白な壁に貼りついていたんですよ。そこはちょっと狭《せま》くなっているので、おばあちゃんは芋虫にさわらないと奥へはいけないのです。

おばあちゃんは芋虫は何でもだいきらいですが、アゲハの幼虫はとくにきらいです。清めにいったら、おばあちゃんの一番きらいなものが白い壁に貼りついていたというのは、ショックでした。おばあちゃんは占いなんて信じませんでしたが、この偶然のできごとの重なり合いの妙《みょう》は、おばあちゃんの病気が治《なお》らないことを象《しょう》徴《ちょう》しているように思えました。

幼虫のグロテスクさにくらべて、それが変態《へんたい》して出てくる蝶《ちょう》はきれいなのですよね。オオムラサキという蝶を知っていますか。雄《おす》の羽に美しい紫色《むらさきいろ》の部分があるので、こう呼ばれています。一九五七年に日本の国蝶《こくちょう》に指定されたのですが、数が減ってしまって、東京あたりで見かけることはなくなってしまいました。

オオムラサキの幼虫はミズナラやエゾエノキが好きです。夏の暑いときに雌《めす》はエゾエノキなどに卵を産みつけます。夏の太陽に温《あたた》められて、卵は七日ほどで孵化《ふか》して三ミリほどの幼虫が生まれます。やがて幼虫は脱皮《だっぴ》して二齢《にれい》幼虫になります。齢というのは、とくに昆虫類《こんちゅうるい》で幼虫の発育段階を区別するのに使う言葉です。幼虫は脱皮をするごとに、三齢《さんれい》、四齢《よんれい》と成長して大きくなっていきます。小さくなって着られなくなったコートはぬぎすててしまうのですね。

夏も終わり、雑木林《ぞうきばやし》の葉も色づくころになると、幼虫は三回めの脱皮をすませて、四齢幼虫になります。夏の間は緑色をしていた幼虫は、木の葉が色づくにつれて茶色に変色します。そして、木を降りて枯《か》れ葉の下にもぐりこんで冬を越します。

不思議ですね。昆虫の幼虫はこういうことを誰《だれ》からも教わらないでも、ちゃんとできるのです。記憶《きおく》が遺伝《いでん》することはないといわれているのですが……。とても不思議です。

エゾエノキに若葉が萌《も》える五月。冬の眠りからさめた幼虫は木に登ります。若葉をたくさん食べて、さらに五齢《ごれい》、六齢《ろくれい》と成長します。六齢幼虫は、口から糸を吐《は》きながら、大きな葉の裏にぶら下がり、もう一度脱皮して「さなぎ」になります。

緑色のさなぎのからだが黒ずんでくると、さなぎのからが割れて、チョウの背中があらわれます。見る見るうちにさなぎからぬけだしてきたチョウは、さなぎのぬけがらにつかまって、羽の成長を待ちます。羽はぐんぐんのびて、美しいオオムラサキの姿が完成します。

里菜ちゃんのお友達には、昆虫少年はいませんか。なぜか、昆虫に興味を示すのは男の子が多いのですね。まさか、昔、狩りをしていた記憶が遺伝しているのではないでしょうね。

今の遺伝学では、記憶のように生まれてから経験したことは遺伝しないことになっています。でも芋虫の記憶も、昆虫少年の記憶も、ちょっとへんですね。考えてみれば、遺伝そのものが記憶なのですね。

二五

里菜ちゃんへ

朝晩とても寒くなりましたね。虫の音《ね》も小さくなって、ちろちろと昼間でも夢見るように鳴いています。

あなたのお父さんとお母さんは旅行が好きなので、あなたが生まれた年も三人で北海道にいったのですよ。生まれて五カ月めでした。おむつと哺乳瓶《ほにゅうびん》をもって、考えるだけでもたいへんなのに、ママは嬉々《きき》として準備をしました。

ミルクを溶《と》くのにお湯が必要なので、湯沸《ゆわ》かし器やジャーをもって、車で出かけました。写真をたくさん撮《と》ってきましたが、どの写真を見ても、あなたはいかにも機嫌《きげん》の悪い顔をしていました。

子供の喜びそうなところへいってもちっとも喜ばなかったようです。それよりも、長時間の車の旅行に疲れて、抱《だ》っこされるのもいやで、車の後部のシートに寝かせてやっと泣きやんだということです。かわいそうにね！

北海道というとかわいらしいキタキツネが有名ですね。見たことがありますか。キタキツネの赤ちゃんは、春の初め、オホーツク海にまだ流氷《りゅうひょう》のあるころ生まれます。深い巣穴《すあな》の中で、お母さんに甘えてお乳《ちち》を吸っています。巣穴をおおっていた雪が溶けるころには、木々がいっせいに芽吹《めぶ》き、野原にはいろいろな色の花が咲きます。春が深まるにつれて、子ギツネはどんどん大きくなります。

夏になって、ラベンダーの花がたくさん咲くころになると、お母さんギツネは、子ギツネを狩りにつれていきます。お母さんについていって、獲物《えもの》のとり方を習います。

人間の子供とずいぶんちがいますね。生まれて数カ月で自分の餌《えさ》を自分で調達《ちょうたつ》しなければなりません。

こうして秋になると、突然、母ギツネは子ギツネをはげしく攻撃します。子ギツネたちは、悲鳴《ひめい》をあげて、必死で逃げます。まだあどけない顔をした子ギツネは、

一人で生きていかなくてはなりません。そして、この厳《きび》しい試練に耐《た》えたものだけが、生きられるのです。

子別れの厳しさは、母親が、これから生きなくてはならない自然の厳しさを考えて、子供にこのくらい厳しくしなくてはならないなどという理性的な考えによる行動ではないと思います。母親は自然の摂理《せつり》にしたがって、次の繁殖《はんしょく》に備えなければならないのです。雌《めす》も雄《おす》も、からだのホルモンのシステムがそのように行動させるのでしょう。

こうして、生活力のあるものだけが生き残り、子孫《しそん》を増やします。弱いものや食べ物をとるのが下手《へた》なものは、淘汰《とうた》されて死んでしまいます。里菜ちゃんは人間の子供に生まれてよかったと思いませんか？

人間は弱い人たちにも救いの手をさしのべるので、弱い人たちも生きのびることができます。それでは、人間の強さが失われてしまうと心配する人もいますが、私は、強い人だけの社会より、優《やさ》しい人のつくる社会の方がよいと思います。

二六

里菜ちゃんへ

ネズミも、チンパンジーも恐竜《きょうりゅう》も卵から生まれるって知っていましたか。そして、里菜ちゃん、あなたも卵から生まれたのです。あなたになる卵は、ママのお腹《なか》の中にあったことは前に書きましたね。そこへ、パパの精子《せいし》の中の一番元気のよいのがたどり着いて受精《じゅせい》してあなたは生まれてきました。

あなたのお腹の中にも、あなたの子供になる未熟《みじゅく》な卵が五〇〇万個も入っているのです。卵一つの直径は〇・一センチくらいです。

卵が分裂《ぶんれつ》し、分化《ぶんか》して親とおなじ形の子供が生まれてくる場合を胎生《たいせい》といいます。哺乳類《ほにゅうるい》は全部胎生で、母親の胎内《たいない》で育って、栄養分は全面的に母親からあたえられます。

卵を体外に産み落とす動物は卵生《らんせい》といいます。卵生と胎生の中間で卵胎生《らんたいせい》というのもあります。卵胎生の動物は、親とおなじ形になるまで、母親のお腹の中にいますが、栄養は卵黄《らんおう》などから取り込み、母親から自立しています。このような例として、ウミタナゴという魚がよくあげられます。

今日はアオウミガメの赤ちゃんのお話をしましょう。日本の南の海に小笠原諸島《おがさわらしょとう》という小さい島々があります。夏の終わりころ、太陽が沈むと、島の海岸の砂浜の穴の中から、ぞろぞろとはい出してくるものがあります。それは、たった今、卵の中から出てきたばかりのアオウミガメの赤ちゃんです。

日が沈んで、あたりが暗くなりはじめると赤ちゃんガメは小さな手足を動かして、いっせいに海の方へ向かって歩きだします。誰《だれ》が海へ向かっていくことを教えたのでしょうね。それは本能《ほんのう》として、ウミガメの遺伝子《いでんし》に刻《きざ》まれているのでしょう。

砂浜をよちよちと歩いたカメは、太陽の残照《ざんしょう》を追いかけて、海の中に入ります。赤ちゃんガメは、これから長いながい旅に出るのです。生まれたばかりの赤ちゃんは、長い距離を泳いで、日本列島の近くにたどり着きます。

何度も驚きますけど、いったいどうやって日本列島の近くまでも来るのでしょう。

アオウミガメの例ではないのですが、地磁気《ちじき》（地球《ちきゅう》のもつ磁気とそれによって生じる磁場《じば》との総称《そうしょう》）によって、その方向に泳がされるのだという論文を読んだことがあります。でも、まだはっきりはわかっていないのだと思います。

アオウミガメの赤ちゃんは、旅の途中で鳥や魚におそわれて死んでしまうものがたくさんいます。だからたくさん卵を産まないと子供を残せないのですね。

アオウミガメは、日本列島の近くの海で、海藻《かいそう》をたくさん食べて、おとなになります。そして、また自分の生まれた小笠原の島へ帰っていき、砂を掘って卵を産みます。

おとなになるまでに食べられてしまったものも、食べた動物のいのちをささえるために役立っています。すべてが宇宙《うちゅう》の大きないのちの輪の中で、それぞれにたいせつな役割を果たしています。宇宙はそれ自体、一つの大きないのちです。私たち、一人ひとりも宇宙のいのちのたいせつな一部です。

アオウミガメが生まれた海に戻って来るというのは、まためた不思議ですね。どうして自分の生まれたところがわかるのでしょう。水の匂《にお》いを覚えているという報告もありますが、まだまだわからないことがたくさんあるのです。

二七

里菜ちゃんへ

田植えの時期になると、あなたのお家《うち》の方では、カエルがたくさん鳴くといいましたね。おばあちゃんのところでは、ガマガエルしか鳴きません。

あなたのお家のあたりには、まだたんぼがたくさんあるからカエルがたくさんいるのでしょう。カエルの卵は見たことがありますか。

田植えがすんだころ、田んぼのあぜ道の穴の中などに、白い泡《あわ》のようなものが見えます。これがカエルの卵です。カエルの雄《おす》は、雌《めす》の背中に乗って交尾《こうび》をします。そこで放出された精子《せいし》が卵《らん》と受精《じゅせい》します。

ひとかたまりの泡の中には三〇〇から六〇〇個の受精卵が入っています。このかたまりの中で卵はかえり、小さなオタマジャクシは液状《えきじょう》にくずれたかたまりとい

っしょに水の中に流れ出ます。

卵には殻《から》もないし、母親がそれを保護することもないので、成長の途中で他の動物たちに食べられたり、死んでしまうものも多いのです。

卵の時期をうまく生きのびても、オタマジャクシは、トンボの幼生《ようせい》や魚の餌《えさ》になります。これだけたくさんの卵が生まれても、最後まで生きのびて、カエルになるのはほんのわずかなのです。

おとなのカエルになるまで生きられたものは、また卵を産んで、そのいのちを伝えていきます。カエルの側から見ると、たいへんな無駄《むだ》をするわけですが、地球《ちきゅう》上のいのち全体として見ると、他の動物の餌になるオタマジャクシは、食べられることで、その役割を果たしているともいえるのです。アオウミガメとおなじですね。

私たちもいろいろなものを食べますが、いつも感謝して食べましょうね。

二八

里菜ちゃんへ

夏がいってしまうときは、何かさびしいですね。これから秋の美しい日々が待っているというのに、なぜこんなにさびしいのでしょう。

里菜ちゃんは、海にもぐったことがありますか。おばあちゃんの若いころは、そんな遊びはなかったから、おばあちゃんはもぐったことがありません。

スキューバをつけて、サンゴ礁《しょう》の海にもぐると、あざやかな色彩《しきさい》の世界が開けるのですって。サンゴそのものの色に、餌《えさ》を求めてやってくるサカナやそのほかの生物たちのさまざまな色が加わるからだそうです。

サンゴは、下等《かとう》な多細胞《たさいぼう》生物です。数百もあるサンゴの種類の中で、サンゴ礁そのものをつくっているのは六放《ろっぽう》サンゴ（イシサンゴと呼ばれるもの）です。六放サンゴは褐虫藻《かっちゅうそう》と共生《きょうせい》しており、褐虫藻のつくる石灰分《せっかいぶん》で骨格形成《こっかくけいせい》が促進されるので、成長もはやく、サンゴ礁をつくるときに主役を演じることになります。サンゴ礁をつくるサンゴの美しい色も、海水の外に出すと褐色《かっしょく》に変わってしまいます。これはサンゴの体内に共生している褐虫藻の色なのです。褐虫藻はサンゴの出す老《ろう》廃物《はいぶつ》や炭酸《たんさん》ガスなどを使って、光合成《こうごうせい》により栄養物《えいようぶつ》をつくりサンゴに与えます。また、サンゴ礁は褐虫藻にとってよいすみかです。このような持ちつ持たれつの関係を共生といいます。

サンゴは口と胃《い》だけをもつ動物です。頭も肺《はい》も腸《ちょう》もありません。それだのに、生《せい》殖器《しょくき》だけはちゃんともっていて、月が空に高く昇って海面を照《て》らすころ、いっせいに卵《らん》と精子《せいし》を放出します。卵と精子で、海は白くなります。

卵が受精《じゅせい》すると、小さいプラヌラ幼生《ようせい》が泳ぎ出します。プラヌラ幼生は岩の上で成熟《せいじゅく》して、サンゴになります。一匹のサンゴはそこで餌を食べて大きくなり、二匹のサンゴに増えます。こうして二、四、八匹とどんどん増えて、大きな群《む》れをつくります。これは無性生殖《むせいせいしょく》です。これに対して、卵と精子が受精して増えることを有性生殖《ゆうせいせいしょく》といいます。群れをつくったサンゴの間には、骨格ができ、神経《しんけい》もできます。砂の上に生《は》えたサンゴの中には、這《は》うようにして動くことができるものもありますサンゴは、食べることと子供を増やすことの二つのことしかできません。

赤い色の赤珊瑚《あかさんご》は、特に装飾品《そうしょくひん》として珍重《ちんちょう》されましたが、そういうことのために、少なくなっていく生物をとって使うことはさけなければなりません。象牙《ぞうげ》でできた装飾品も毛皮のコートも買わないようにしましょうね。

二九

里菜ちゃんへ

里菜ちゃんはツルを見たことがありますか？　おばあちゃんは、小学生のころ、公園のおりの中にいるツルを見たことがあるのですが、飛んでいるツルは見たことがありません。この公園はおばあちゃんが学校へ行く途中にありました。公園の中を通って学校へかよっていたのです。小さな動物園ですが、おりの中にいろいろな動物がいました。でも戦争がはげしくなって、猛獣《もうじゅう》が逃げ出すとあぶないので、次々殺されていきました。最後に鳥が残っていました。

北海道では、二月の寒さの中、凍《こお》りつくような雪原《せつげん》で、タンチョウヅルは愛の踊《おど》りを舞《ま》いはじめます。これは求愛《きゅうあい》の踊りです。この踊りで、愛情をたしかめて、雌雄《しゆう》のツルは結婚します。雪が溶《と》け、氷が溶けはじめる四月になると、夫婦で力を合わせて巣をつくります。湿原《しつげん》のヨシをくちばしで折って積み上げていきます。やがて、雌《めす》が卵を産み、夫婦交代で温《あたた》めます。

おばあちゃんは前にペンギンについて、読んだことがありますが、皇帝ペンギンは雄《おす》が卵を温めるのですね。南極《なんきょく》の零下《れいか》四〇度というような雪原で、雄は、足にある袋の中に卵を入れて、何も食べずに立ちつくしているのです。

その間、雌は海で餌《えさ》を食べているのですが、何十日も食べずに立っている雄はやせ衰《おとろ》えてしまうそうです。何とか話し合って、交代にすればよいのにと思いますが、遺伝子《いでんし》の命令にしたがわないわけにはいかないのでしょう。

タンチョウヅルの雛《ひな》がかえると、父ヅルと母ヅルは、たいせつに子供を育てます。餌をもってきても、雛が食べて満足するまで、親は口にしません。

そのうちに、雛は親鳥につれられて、歩くようになります。そうしている間に、餌をとることや生きていく知恵を習います。

北の国の湿原には、秋がはやく訪《おとず》れます。木の葉が色づくころには、雛はおとなとおなじくらいの大きさに育っています。そんなに大きくなっても、子供のツルはまだ親に甘えています。けれども、冬が過ぎて三月になると、親鳥は子供を攻撃するようになります。攻撃は次第にはげしくなって、子供は親に近づくこともできません。親に追われた子ヅルは、親と別れます。これはキタキツネとおなじですね。子供を自立させた親ヅルには、また愛の季節が訪れます。一度結婚したツルは、一生離れずにいっしょに暮らすということです。

三〇

里菜ちゃんへ

酉《とり》の市《いち》って知ってますか？　一一月の酉の日に、鷲神社《おおとりじんじゃ》でおこなわれるお祭りのことです。一一月のはじめての酉の日を一の酉といい、順に二の酉、三の酉と呼びます。特に東京下谷《したや》のお祭りは有名で、縁起物《えんぎもの》の熊手《くまで》などを売る露店《ろてん》が並びます。

一一月。二の酉、三の酉と進むにつれて寒くなります。人々は「今日は寒いわね」「お酉さまだもの」などという会話をかわします。

お酉さまには鍋物《なべもの》が似合います。ふろふき大根《だいこん》もいいですね。そして塩ざけがおいしくなってくるころでもあります。

塩ざけは、冷蔵庫も冷凍庫もなかった時代の保存食品です。塩漬《しおづ》けにすると、サケについている細菌《さいきん》の細胞《さいぼう》内の水分が塩の濃度《のうど》の高い細胞外へ流れ出してしまい、死んでしまいます。

　秋にとれたサケをお正月に食べるには、塩をたくさん使わなくてはなりません。ですから、本来塩ざけはとても塩辛《しおから》いものでした。けれども、このごろは冷凍などで、サケを新鮮に保《たも》つことができるので、塩味はだんだんうすくなってきました。昔の塩ざけといったら、からいのを通り越してにがく感じるくらいでした。

　塩味はうすくなってきたのですが、かんじんのサケが最近はとてもまずくなってしまいました。日本の北方《ほっぽう》でとれるほんとうのサケは、身の色も濃《こ》いピンクで、皮が光っているのですぐわかります。サケという名で呼ばれているものの中には、マスもあります。これは白っぽいのですぐわかりますが、味はサケとは比べものになりません。

　おばあちゃんは、一匹を丸ごと塩漬けにしたサケは見たことがありますが、泳いでいるサケを見たことがないのです。

　サケというとイクラも思い出しますね。イクラはサケの卵です。最近では、醬油《しょうゆ》漬《づ》けにして瓶《びん》に入れて売っています。

　サケの一生もまた不思議なのです。北海道で、雪と氷におおわれた川底の卵の中で発育した赤ちゃんは、やがて、卵の外へ飛び出します。

川の水がぬるむころ、サケの赤ちゃんは海に下ります。北の海を回遊《かいゆう》している間にサケは成長します。そして、四年目に自分の生まれた川にもどってきます。サケも自分の生まれた川の水の匂《にお》いを覚えているというのですが、アオウミガメとおなじですね。

河口《かこう》をめがけて帰ってきたサケは、何かにとりつかれたように川をのぼります。川幅《かわはば》は次第にせまくなり、流れは急になりますので、岩にぶつかったり、サケどうしがもみ合ったりして、川がサケで盛り上がって見えるほどです。もみ合っているうちにも、たくさんのサケが死にます。

この苦しい旅をつづけて、川をのぼりつめたサケは、雌《めす》は卵を産み、雄《おす》は卵に精子《せいし》をかけ終わると死にます。このはげしい産卵《さんらん》のために、副腎皮質《ふくじんひしつ》ホルモンというホルモンがたくさん出て、それがからだをぼろぼろにしてしまうのです。

前にお話ししたハチの場合も雄は精子を出すと即死《そくし》するのでしたね。生きるということはたいへんなことだと思いませんか？　結局子供を産むために生きるのですね。

三一

里菜ちゃんへ

あなたは象《ぞう》の花子のお話を知っていますか？　上野動物園にいた象ですが、戦争がはげしくなってきて、東京にもたくさん爆弾《ばくだん》が落ちるようになったので、動物園の動物たちは殺されたのです。餌《えさ》もなかったのでしょうね。

そのなかで、象の花子のお話は、本にもなって語り継《つ》がれています。政府からの命令でどうしても殺さなくてはならなくなったとき、花子を餓死《がし》させることにきまりました。お腹《なか》のすいた花子は飼育係《しいくがかり》のおじさんの姿が見えると、お腹がすいたということをからだじゅうを使ってうったえました。

おじさんもどんなにか辛《つら》かったことでしょう。けれども、花子に餌をやるわけにはいきません。

花子はやせていきました。立っていられなくなりました。それでも餌が欲しいということを一生懸命《いっしょうけんめい》訴《うった》えました。そして、とうとう目も開《あ》けられなくなって、ここに寝たまま息絶えました。

花子のお話は、こうして語り継がれていますが、戦争中には、もっともっとかわいそうなことがたくさん起こりました。戦争はしてはいけません。人間どうしが殺し合うなんて、どうして許されるのでしょうか。

誰《だれ》かがいっていました。「一人殺せば殺人罪で、たくさん殺せば英雄だ」って。日本は平和ですが、今でも世界のあちこちで、殺し合いがおこなわれています。テレビや新聞を見てください。五歳の子供が銃《じゅう》をもって戦争に加わっています。自分のお母さんを刺《さ》し殺すように命令された子供もいます。

人間を殺す道具である銃などをつくることをなぜ禁止しないのでしょうか。殺し合うことは、人間の心の奥底に染《し》みついた本能《ほんのう》みたいなものに突《つ》き動かされているように思えてなりません。あなたたちがおとなになったときは、戦争のない平和な地球《ちきゅう》をつくってください。

象のお話をしようと思って、花子から戦争のことに話がずれてしまいました。平和な象はどんな生活をしているのでしょうか。

アフリカの広い草原の夜が明けはじめました。草原の茂《しげ》みの中に、アフリカ象の一群がいます。その中の一頭の象が赤ちゃんを産んでいるところです。そのまわりをたくさんの象がぐるりと取り巻いて、心配そうに見守っています。

助産婦《じょさんぷ》役の象がいて、赤ちゃんを産んでいるお母さん象を励《はげ》ましたり、生まれた子供をきれいにしたり、かいがいしく働いています。

生まれたての赤ちゃんはすぐに歩いて、お母さんと助産婦さんに守られながら、旅に加わります。赤ちゃん象はたくさんの愛情を受けて、育っていきます。少し大きくなると、厳しいしつけも受けます。子供の象が一人前になるには二〇年近くもかかります。

雌《めす》の象は、母親とおなじ群《む》れの中に一生いることもありますが、雄《おす》の象は一〇歳くらいになると家族と離れて、新しい生活をはじめます。象は知性の芽生《めば》えを見せる、優《やさ》しいかしこい動物です。

人間は、ただ象牙《ぞうげ》を取るという目的のために、たくさんの雄象を殺してきました。雄の象が殺されたとき、ほかの象はどんなに悲しむことでしょうか。

三二

里菜ちゃんへ

鯨《くじら》を食べたことがありますか？　おばあちゃんの子供のころ、まだ第二次世界大戦の影響《えいきょう》で、食べるものが十分なかったときは、よく食べました。牛肉ほどおいしくないのですが、お料理のしかたによっては、おいしくいただけました。

その後、環境《かんきょう》保護団体から「鯨をとってはいけない」という圧力がかかりました。鯨はかしこくて優《やさ》しい動物だからであり、野生動物なので絶滅《ぜつめつ》しかねないからだというのです。

では、牛や豚はかしこくないのでしょうか。環境保護団体の人は、お肉を食べないようにしているのでしょうか。

環境保護団体は、環境を守るためにとてもよい仕事をしてきました。海上での水《すい》爆《ばく》実験に反対したり、核燃料《かくねんりよう》の廃棄物《はいきぶつ》を輸送するときには、地球規模《ちきゆうきぼ》の反対行動を取るなどをしました。

たしかに鯨とりは残酷《ざんこく》です。でも鯨をとることで生計《せいけい》を立てている人もいました。その人たちは鯨とりが禁止されると生活に困ることになるのです。今では鯨の肉を見かけることはほとんどありません。

生き物を食べなければ、私たちは生きられません。どんな動物だって、死にたくはないでしょう。食事をいただけることに感謝《かんしや》して、たいせつにいただきましょう。

鯨は、私たちとおなじ哺乳類《ほにゆうるい》です。魚とちがって、肺《はい》で呼吸するので、ときどき水面に上がって息を吐《は》かなければなりません。これが鯨の潮吹《しおふ》きです。高速で泳ぎながら、呼吸のために水面に上がってくる鯨類では、鼻が頭の上にあります。もとは私たちのように陸にいた動物が水に帰り、そこで適応して生きているのです。

今から約五〇〇〇万年前に、原始的な有蹄類《ゆうているい》（哺乳類のうち〝ひづめ〟をもつもの）で、オオカミに似た形をしたメソニックス類から分化《ぶんか》した鯨類と長鼻類《ちようびるい》（象）は共通の祖先《そせん》をもっています。一方は海で、もう一方は陸で暮らしています。

鯨類は、頭の上にある呼吸孔《こう》（鼻）の中にある〝ひだ〟を震動《しんどう》させて、音を出し、

餌《えさ》を探したり、おたがいに交信したりしています。この音は鳴音《めいおん》と呼ばれています。

おばあちゃんは以前にテレビでこの鯨の歌を聴《き》きましたが、とてもきれいで、しかも長い間、歌うのです。

陸地から海へ帰っていってしまった鯨。なぜ歌を歌うのでしょうね。

III　いのちはめぐる

三二

里菜ちゃんへ

とうとう一二月になってしまいました。寒いといっても、一月、二月の寒さにくらべれば、まだ暖かいので、助かります。一二月のことを師走《しわす》ともいいますが、この言葉の方が一二月というより、感じがよく出ているように思えます。

何となくせわしい月で、クリスマス、お正月と楽しい行事がつづいてきますね。そのせわしさ、にぎやかさできゅっと身が引きしまる、おばあちゃんの大好きな月です。

あなたはアイスマンって知っていますか？　アルプスの氷河《ひょうが》で発見されたのが、一九九一年ですから、あなたはまだ生まれていませんでしたね。

ただアイスマンが発見されたというのではなく、もっとおもしろいお話なのですが、それを理解するには、ミトコンドリアのことと、DNAの塩基配列《えんきはいれつ》のことを知らなくてはなりません。

ミトコンドリアのことも、塩基配列のことも前に書きましたので、今日はそのおさらいにしましょう。

ミトコンドリアというのは、大昔に真核《しんかく》生物の中に取り込まれて以来、ずっと私たちの細胞《さいぼう》にすみついているものです。もとは細菌《さいきん》だったと考えられていますが、今ではすべての真核生物の細胞の中で、呼吸を担当しています。呼吸の結果得られるのはエネルギーですから、ミトコンドリアは生物にとってたいせつなものです。

ミトコンドリアが細菌だったという証拠《しょうこ》に、ミトコンドリアは独自のDNAをもっています。一つの細胞の中に一〇〇〇個に近いミトコンドリアが入っていますので、ミトコンドリアのDNAを取り出して研究するのはむずかしいことではありません。

細胞のDNAは、鎖状《くさりじょう》の分子《ぶんし》ですが、ミトコンドリアのDNAは、環状《かんじょう》です。そのDNAは、約一万六五〇〇対《つい》の塩基がつらなったものです。ミトコンドリアのDNAも細胞のDNAとおなじように、ATGCという四つの塩基がつらなったものです。

約三〇億《おく》という細胞のDNAとくらべて、ミトコンドリアのDNAは、細胞のDNAの一九万分の一しかありません。塩基数が少ないので、実験しやすく、一九八一年にケンブリッジ大学で、ヒトのミトコンドリアの全部の塩基配列がきめられました。

ミトコンドリアの中には、一〜二個のDNA分子が含まれています。一つのミトコンドリアDNAの中には一カ所だけ、何の働きもしていないと思われる文字配列があり、これは「Dループ」と呼ばれています。DループのDNAは、たった一一〇〇塩基から成り立っています。

DNAの塩基配列をくらべることによって、進化《しんか》の道筋《みちすじ》がわかりますが、このミトコンドリアのDNAは、細胞のDNAにくらべて、突然変異《とつぜんへんい》の起こる率が一〇倍以上高いのです。

一〇〇万年単位で、進化の様子を調べる場合には、細胞の核のDNAのように突然変異がゆっくり起こるものを調べるのでいいのですが、人類の進化のように、五〇〇〇年とか一万年のはやい単位で起こる変化を知りたいときには、ミトコンドリアのDNAのように突然変異が起こりやすいものの方が実験に適しています。

ミトコンドリアは、核の外の細胞質の中にあります。卵《らん》が精子《せいし》と受精《じゅせい》するときには、卵の中のミトコンドリアはそのまま子孫《しそん》に伝わります。精子には頭部にも尾のつけ根にもミトコンドリアがありますが、このミトコンドリアは、受精のときにこわされてしまい、子孫には伝わりません。このように、DNAが母親だけから子孫に伝わる場合は、「母性遺伝《ぼせいいでん》」と呼ばれます。ミトコンドリアのDNAは、母性遺伝ですので、これが、進化の道筋を考えるのに、つごうがよいのです。その理由は、この次にアイスマンについてお話しするときに自然にわかるでしょう。

ミトコンドリアのDNAは、突然変異の頻度《ひんど》が高いといっても、一万年に一度くらいです。また、Dループのように使われていない塩基配列でも、ひんぱんに突然変異が起こります。この遺伝情報は使われていないので、突然変異が起こっても差しつかえなく、突然変異が蓄積しやすいのです。

あまり長くなると疲れてしまうでしょうから、今日はここまでにしておきましょう。

街にはクリスマス・ソングがなって、クリスマス・ツリーが飾《かざ》られていますか？

クリスマスにプレゼントを贈るお友達はいますか？
寒くなるから気をつけてね。

三四

里菜ちゃんへ

暖かい年の暮れです。おばあちゃんも元気なら、押入《おしいれ》のお掃除《そうじ》をするところですが、できなくて残念です。さて、今日はアイスマンのお話をするのでしたね。

一九九一年夏、オーストリアとイタリアの国境の氷河《ひょうが》の中からミイラが出てきました。長い間、氷に閉ざされていてミイラになっていた遺体《いたい》が、異常な暑さのために氷河が溶《と》けて、出てきたのです。ミイラのもっていたものは、弦《つる》のはずれた弓《ゆみ》とやじり、縄《なわ》と金属の斧《おの》などでした。

研究者が調べた結果、ミイラは四〇歳前後の男性のもので、衣服はぼろぼろになっていましたが、わらで裏張りした皮の衣服を着ていたことがわかりました。

外傷《がいしょう》はないので、羊の群《む》れをつれて、アルプスを越えようとしていたときに、行き倒れになったのだろうと推測されました。また、もっていた斧が銅でできていたことからこのミイラが五〇〇〇年以上前のものだということがわかりました。銅製の斧はヨーロッパでは新石器時代後期《しんせっき》のもので、日本でいえば縄文《じょうもん》時代の人が使っていました。

遺体の皮膚《ひふ》と骨《ほね》、衣服に放射性炭素《ほうしゃせいたんそ》がどれくらい残っているかを測定した結果、彼が生きていたのは、今から約五三〇〇年前とわかりました。

放射能《ほうしゃのう》についても前に少しお話ししましたが、この測定法についてお話ししましょう。半減期《はんげんき》（放射性元素の原子がこわれてその数が半分に減るまでの期間）が五七三〇年の放射性炭素は、大気の中には、つねに一定の濃度《のうど》で含まれています。現在生きている私たちも、からだの中に、大気とおなじ濃度の放射性炭素を含んでいます。

死んだものは、それが生きているときには、現在の私たちとおなじ量の放射性炭素を含んでいたはずです。放射性炭素の半減期は、いつでも一定で、五七三〇年たつと放射能が半分になります。ですから、このミイラに残っている放射性炭素の放射能を調べれば、ミイラが死んでから何年たったかがわかるのです。

このミイラは石器時代の人と推測されましたが、この時代のこれだけ保存状態のよいミイラが発見されたのははじめてでした。このミイラには「アイスマン」という名前がつけられて、いろいろな面から研究がつづけられています。

オックスフォード大学のサイクス博士は、アイスマンのミトコンドリアDNA・Dループの塩基配列《えんきはいれつ》を調べてみました。すると、そのDNAのある部分で、現在の多くのヨーロッパ人がもつミトコンドリアDNAとはちがう、CCCCという特《とく》徴《ちょう》のある塩基配列があることがわかりました。

もう一つ、多くのヨーロッパ人ではTAGTとなっている部分がTAGCとなって、TがCに置きかわっていました。サイクス博士は、全世界の現代人、一二五三人がもつミトコンドリアDNA・Dループの塩基配列を調べて比較してみました。その結果、アイスマン特有の「CCCC」と「TAGC」という塩基配列をもつ人が、一三人見つかりました。この一三人の人たちは、アイスマンの母親の系統を祖《そ》先《せん》とする人々です。

イギリス人のマリー・モーズレーさんは、その一三人の中の一人でした。しかも、モーズレーさんのミトコンドリアDNA・Dループの三五四文字全部がアイスマン

のものと一致したのです。

アイスマンは男性ですから、そのミトコンドリアは子孫《しそん》には伝わりません。ですからモーズレーさんは、アイスマンのお母さんの血筋《ちすじ》を引いている可能性が高いといえます。五三〇〇年というとおよそ二五〇代前ということになります。

サイクス博士はその後も研究をつづけ、現在までにアイスマンの特徴的な二つの塩基配列をもつ人が七五〇〇人あまりいることを見つけています。そのうちの一一六人がアイスマンと完全におなじ塩基配列のDループをもっているとのことです。

この一一六人の国籍《こくせき》や民族は多様で、ヨーロッパ各地のほかにイスラエルや東アジアにも広がっていました。アイスマン自身は、アルプス越えのときに死んでしまい、おそらく行方不明となっていたのでしょうが、その母方の系統の人たちは大いに栄え、今、世界の各地に住んでいるようです。里菜ちゃん！　あなたはアイスマンの子孫ではないでしょうね。

三五

里菜ちゃんへ
人類の祖先《そせん》はどんな人だったのでしょうか。私たちは、どうして今ここに住んでいるのでしょうか。年の暮れに考えるには、ちょうどよい課題でしょう？
カリフォルニア大学のウィルソン博士は、現代の主要な五つの人類の集団のミトコンドリアDNAの塩基配列《えんきはいれつ》を調べてみました。その集団というのは、アジア人、ニューギニア人、オーストラリア人、ヨーロッパ人、アフリカ人です。
他の研究者も協力して、これらの集団に属する二四一人のミトコンドリアDNAを調べました。その結果、ミトコンドリアのタイプは、一八二種類あることがわかりました。五つの集団のうち、アジア人はモンゴロイド、ヨーロッパ人はコーカソイド、アフリカ人はネグロイドという人種に属します。オーストラリア人とニューギニア人はアポリジニというオーストラリア先住民が属するオーストラロイドに対応しています。

ウィルソン博士は、一八二のタイプの塩基配列を二つずつ比較して、各タイプの間の近縁性《きんえんせい》を調べてみました。比較する二つのタイプの人が、遠縁《とおえん》であればあるほど、ミトコンドリアDNAの塩基配列はちがっているはずです。

実験の結果、ヨーロッパ人の集団とオーストラロイドのニューギニアを含むアジア人の集団は塩基配列があまりちがわないことがわかりました。それは、この二つの集団が、比較的最近できあがったことを意味します。

ところが、アフリカ人どうしでは、ちがいが大きく、アフリカ人の歴史が長いことが示されました。

これらの結果をもとにして、どのようにして人種がわかれていったかを調べると、まずアフリカ人がいくつかの系統にわかれて、長い歴史を歩んできたこと、そして、アフリカ人以外の人種、コーカソイド、モンゴロイド、オーストラロイドはアフリカ人からわかれて、それぞれの道を歩んできましたが、まだその歴史が浅いことがわかりました。

もっとわかりやすくいうと、アフリカにいた猿人《えんじん》が進化《しんか》を重ねた結果、私たち現代人の直接の祖先になる現代型新人《しんじん》が生まれ、その現代型新人の集団が、アフリカを脱出して世界各地へ広がっていったと考えられます。

ミトコンドリアDNAが母方からだけ受けつがれることから、今生きているすべての人々の祖先が、アフリカで生まれた一人の女性にたどり着くということもわかりました。この結果は現代人がすべて一人の女性から生まれたというのではなく、おなじミトコンドリアをもつ女性の集団に現代人が由来すると考えられます。

さらにウィルソン博士は、塩基が置きかわっていく速度から、アジア人やヨーロッパ人が登場したのは九万年前、アフリカに現代型新人が生まれたのは、二〇万年前と発表しています。

三六

里菜ちゃんへ

昨日は、クリスマス・イヴ。クリスマスのごちそうを食べましたか？　おばあちゃんのところでは、おじちゃんたちが来て、大きな鶏《にわとり》の丸焼きでクリスマスを過ごしました。プレゼントの交換をして、楽しかったですよ。

さて、この前は、アフリカに生まれた人類が、世界のいろいろな土地に分散していくところまでお話ししたので、今日は日本人のルーツについてお話ししましょう。日本人のルーツについても、ミトコンドリアＤＮＡの分析による研究がされています。

私たちの祖先《そせん》は、少しずつ、アフリカを離れて、新しい土地を求めて出ていったと考えられていると、前に話しましたね。

アフリカを出てから、私たちの祖先の一部は、中近東からヨーロッパに渡る集団とアジアに渡る集団にわかれました。これが今から九万年前のことと考えられています。

アフリカから出たときは、非常によく似た人類の集団でしたが、移り住んださきの環境《かんきょう》に影響《えいきょう》されて、コーカソイド、モンゴロイドといった、今までとは別の特《とく》徴《ちょう》をもつ人たちに変化していきました。

アジアに渡った集団は、やがてヒマラヤ山脈につきあたって、北回りを選んだ集団と南回りを選んだ集団にわかれました。このような人類の移動は、一度に起こったわけではなく、小さなグループが、何度にもわたって移動してきたと考えられます。

こうして、アジアに向かった集団は北極圏《ほっきょくけん》から赤道《せきどう》地帯まで、広がっていきました。なかでもかなり大きな集団がシベリアに住み着いて、マンモスなどの大きな獣《けもの》を食べて生きていました。あまり土地が広いので、モンゴロイドの中にもかなりのちがいがあり、北方《ほっぽう》モンゴロイド、中央モンゴロイド、南方《なんぽう》モンゴロイドなどと区別して呼ばれることもあります。

五万年から一万二〇〇〇年前のアジアは、今のアジアとはずいぶんちがっていました。当時、最終氷河期《ひょうがき》に入っていた地球《ちきゅう》では、氷のために海の水が減って、今よりも陸地が露出《ろしゅつ》していました。しかも、北半球の広い土地が氷でおおわれていました。

海の水が凍《こお》ったために、一〇〇メートルも水位がさがってしまい、日本列島周辺の海が陸地となり、北海道や本州、四国、九州は一つにつながり、九州と朝鮮半島の間には小さい海峡《かいきょう》があるだけでした。

そのような日本に次々とモンゴロイドが入ってきました。三万五〇〇〇年前以降の旧石器人《きゅうせっきじん》、一万二〇〇〇年前以降の縄文人《じょうもんじん》の祖先たちです。そして、今から二三〇〇年ほど前になると、氷河期が終わっていたので今度は海を越えて、ふたたびモンゴロイドが入ってきました。それが、佐賀県の吉野ヶ里遺跡《よしのがりいせき》などを残している弥生人《やよいじん》です。

弥生人の一部は、縄文人を追い出したり、混ざり合ったりして日本列島に稲作《いなさく》の文化を築きました。アフリカから、おそらく一〇万年近い時をかけ、一万数千キロの旅をして、日本人は生まれたのです。

いったんシベリアに住み着いたモンゴロイドも、気候の変化で獣が絶滅《ぜつめつ》してしまい、日本列島に移ってきました。日本人は、いろいろな経路を通ってきた人々が混合されたものなのですね。

おわりに

　PHPエディターズ・グループの森本直樹氏からこの本を依頼されたのは、二〇〇一年の三月ころではなかったかと思う。“Sense《センス》 of《オブ》 Wonder《ワンダー》”を書いてくださいというむずかしい注文で、私は二カ月ほど考える時間をいただいた。森本さんの方にも何かアイディアがあるのだろうと思っていたが、結局なかったらしいと気がついた。それでも「孫への手紙という形にして、五〇通くらい書いてください」とのこと。けれども五〇の手紙というのは、五〇の“Sense of Wonder”を見つけなければならないということである。

　五〇も“Sense of Wonder”を見つけたら、私自身が魂が抜けたようになってしまうのではないかと思った。

そこで、時折、森本さんに電話をしては、森本さん自身、“Sense of Wonder”を見つけられたか聞いてみるのだけれど、答えはいつも「いや、まだ」だった。

"Sense of Wonder"という言葉は最近はやっているように思える。"Sense of Wonder”は、科学教育には一番たいせつなものであるし、生活一般について、この心をもっていれば、豊かな生涯《しょうがい》を送れるだろうと思う。

では、いったい“Sense of Wonder”とは何であろうか。いい訳語がないので「センス・オブ・ワンダー」といわれるが、それを日本語でどう表現すればよいのだろうか。私はひとまず「驚嘆する感性」と訳してみた。

子供は、驚嘆する感性が研《と》ぎ澄まされていると思う。それはおとなになると次第に失われていくようにも思える。

私は、孫への手紙を書きはじめた。その都度、孫といっしょに感じてみたいなと思う、驚嘆する感性がたちあらわれた。世の中は驚嘆するものに満ちているのである。それらのことは、気づかずに見過ごされてしまうが、ちょっと足をゆるめる気持ちのゆとりがあれば、いつでも見つけることができるものだった。少なくとも、この本を書いてみて、私はそう感じた。

この本が読者の驚嘆する感性を呼び覚ましてくれるであろうか。そうなるように心から願っている。

元三菱化成生命科学研究所理事研究員の景山眞博士には、原稿をお読みいただき、貴重なご意見をいただいた。心からお礼を申し上げる。

また、夫の筑波大学名誉教授、柳澤嘉一郎は、全部の原稿を読んで、たくさんのアドバイスをくれた。

編集者の森本さんには、私は一本取られたような気がしている。「孫への手紙」というスタイルだけきめておけば、彼女は書くだろうと思って放り出されたとしたら、そして、もし、この本が驚嘆する感性を掘り起こす本になっていたとしたら、森本さんの編集者としての才能は並のものではないと思える。実際に校正の段階に入ってからも、森本さんが優《すぐ》れた編集者であることを随所《ずいしょ》で感じた。

孫の里菜は、現在まだ五歳であるので、この本はむずかし過ぎる。けれども彼女が中学生になっていると仮定して、手紙を書くことはとても楽しい仕事であった。

ここでも森本さんの仕掛けにはまってしまったような気がしている。

私が楽しんで書いた本は、読者の方にも楽しんでいただけるという経験を何度もしている。この本が皆さまから、やさしく迎えられるように祈っている。

二〇〇二年四月

柳澤桂子

文庫版へのあとがき

「すべてのいのちが愛おしい」の単行本が出版されてから、五年の月日が流れた。五歳だった里菜は小学校の四年生になった。しかし、まだこの本を読みこなせない。やはり完全に読みこなせるようになるには中学生にならなければ無理であろう。しかし、中学生だけの本ではなく、広く大人の方にも読んでいただきたいと思う。きっと生命の不思議に驚嘆されるであろう。

里菜は、生物に関したテレビ放送が大好きである。ＮＨＫスペシャルのような大人向けの番組も良く理解しておもしろがる。どうぞ読者の皆さんも、そのような番組をご覧になっていただきたい。生命というものの奇跡的なすばらしさに感嘆なさるであろう。

このような番組を選んで観ていると、けっしてＮＨＫの受信料を高いとは思わない。ぜひ、ＮＨＫに末永く存続して、このようなすばらしい番組を流してほしいと願わずにはいられない。

このようなＮＨＫの放映のなかで、ＤＶＤとして売り出されているものがいくつかある。ＮＨＫスペシャルで放映された「地球大進化」はＤＶＤボックス１、２として、「プラネット・アース」はＤＶＤボックス１として、いずれもＮＨＫエンタープライズから発売されている。「プラネット・アース」は、ボックス２、ボックス３の販売も予定されているというから楽しみである。

単行本のあとがきを読み直してみると、この本は、“Sense of Wonder”を書いてくださいという編集者のむずかしい要求に応えて書かれたものであることがわかると思う。

私は生命科学者であり、博物学者ではない。したがって、ＤＮＡなどのことはくわしく知っているが、生命の世界で起こっているおもしろい現象についてはあまり知らない。

それでも、サイエンス・ライターとして二〇年近く書いているうちに、いくつかの感銘深いことがらを知るようになった。この本には、そのようなことを、中学生になった孫に話して聞かせるように愛情を込めて書いてある。

その物語に、赤勘兵衛氏がすばらしい挿画で興を添えてくださった。

今回、集英社から文庫本として出版されることになったが、単行本を編集された森本直樹氏は「僕にとってはとても思い入れの深い本です」といってくださった。このように、この本は著者、挿画家、編集者の愛情のこもった本である。

このような思いのこもった本を手になさった読者の方々も愛情を持ってこの本をかわいがってやっていただきたい。

単行本の出版されたとき、五歳だった里菜は、「里菜の本、売れた？」と何度も聞いた。

今度集英社から文庫版として形を変えて世に出ることは、私にとっても里菜にとっても喜びである。ぜひ多くの皆さんに読んでいただき、生命の不思議に興味をもっていただきたいと心から願うものである。

文庫化にあたり、出版交渉にはじまり、熱心にこの本の文庫化を進めてくださった堀内倫子氏に深く御礼申し上げる。

柳澤桂子

二〇〇七年一月

この作品は二〇〇二年五月、ＰＨＰエディターズ・グループより刊行されました。